人間らしさとは何か

生きる意味をさぐる人類学講義

海部陽介
Kaifu Yosuke

河出新書
047

はじめに　人間は人間をどう捉えてきたか

人間らしさとは何か。あるいは、人間とは何か——古代から問われ続けてきたこの問いは、近寄りにくい永遠の難題のようにも思えるかもしれません。ただ、ある視点からたどれば、これはとても親しみやすく、かつ私たち一人一人にとって有益な問いです。本書を通して、そのことを伝えたいと思っています。

この問いは伝統的に哲学や倫理学の中心課題とされてきました。それを「古典哲学的人間論」と呼ぶことにしましょう。高校までで私たちが学ぶその内容は、おおよそ以下のようなものだったと思います。

古来より、人間を人間たらしめているものは発達した知能あるいは理性であるとされ、その理性から生まれる人間としての特質や規範が問われてきました。そうした議論の始祖として教科書に登場するのは、約２５００年前の古代ギリシャの哲人たち。例えばソクラテスは「人間の卓越性とは徳であり、それを磨くため、そしてよく生きるために、人は真理を追究すべきである」と説き、アリストテレスは「人間は良き共同体の形成を目指す存在（ポリス的動物）」だと述べました。

一方、春秋戦国時代の中国では、人として正しい生き方とそれを実現する統治システムのあり方をめぐる思想が展開され、孔子を祖とする儒家や、老子を祖とする道家が現れます。その中で人間の本性を思索した孟子は性善説を語り、荀子は性悪説を唱えました。「人間らしさ」の問いを「人はどう生きるべき存在か」に拡張すれば、宗教の教義も人間論を語っていることになります。釈迦も、イエス・キリストも、ムハンマドも、信仰の必要とともに説いたのは、「人はこうあるべきだ」という個々人の生き方でした。ただし宗教は総じて教義を超えた自由な思想を禁じてきたため、中世においてその支配力が強まると、人間の本性を探る思索は停滞しました。例えばヨーロッパの中世キリスト教社会では、創造主である神の視点で世界を理解することが奨励され、神から神性を付加された人間は宇宙の中心にいると信じられ、それに異を唱えれば火あぶりが待っていました。

15世紀以降、ルネッサンスが興って科学が誕生し、ヨーロッパにおけるこの風向きが変わります。ニコラウス・コペルニクスやガリレオ・ガリレイら卓越した自然の観察者たちが現れて、地球は宇宙の中心でないことが示されるとともに、宗教を至上とする価値観は次第に崩れはじめました。やがて17世紀にルネ・デカルトが、神から離れ人間の視点で徹底的に真理を探究する近代哲学を創始し、人間が人間を理解しようとする下地がつくられるようになります。そうした流れの中で、「人間は考える葦《あし》である」として人の思考する能力の崇高さを説いたパスカル、そしてホッブス、ロック、ルソーらが、それぞれの人間観に基づいた社会論を展開していきました……。

私自身はかつて学校でこういった人々の思想を学んだとき、哲学の歴史の重みを感じるとともに、2つの素朴な感覚を抱いたのですが、もしかすると皆さんも同じことを考えなかったでしょうか？

1つ目は、「人間らしさ」は歴史上の偉人たちが向き合う崇高な問いなのであって、自分などが容易に手を出すものではないという畏《おそ》れの感覚です。しかしかつての私のそんな意識は、大学で生物人類学を学び、卒業後にその専門家となって大きく変わりました。

生物人類学（あるいは自然人類学）は、霊長類学、考古学、文化人類学、民俗学などと並ぶ人類学の一分野で、人類の身体・遺伝・進化などを主な研究対象とします（日本におけるその中心組織は日本人類学会）。私は現在その一研究者として、過去200万年におよぶアジアの人類進化史を解明すべく、各地を調査してめぐる日々を送っています。専門としているのは原人からホモ・サピエンスまでの化石骨の研究ですが、祖先たちの実像に迫るため、例えば日本列島へ最初に渡ってきた旧石器人の大航海を再現する、「3万年前の航海徹底再現プロジェクト」（国立科学博物館　2016－2019年）を実施したりもしました。そのような経験を重ねるうちに、次第に考えが変わってきたのです。

そもそも「人間とは何か」は、見方を変えれば「自分とは何か」ですから、誰にとっても遠ざけるべき問いではないでしょう。生物人類学は証拠を手掛かりに一歩一歩議論を進める自然科学の一分野ですが、高度な論証能力を要しないこのアプローチで問いに向き合うと、自分についての意外な発見が次々と出てきて、足元が固まっていく感覚を覚えるようになります。まさに「地に足がつく」という感じなのですが、少し大袈裟に言えば、「人としてどう生きていくべきか」へのヒントが得られる気がしてきたのです。

古典哲学的人間論について感じた2つ目は、人間らしさに対する偉人たちの答えはさすがにどれも的を射ているが、結局のところ答えは多様で、人間の本質的な理解に導かれている感じがしないというモヤモヤ感でした。

人間らしさを一義的に決められないことは、次の例からもよくわかります。私たちヒトの正式な学名は、ラテン語で「賢いヒト」を意味するホモ・サピエンス（*Homo sapiens*）で、1758年にカール・フォン・リンネが命名しました。リンネは現代的な生物分類法をつくったスウェーデンの博物学者で、その定義では属名と種小名を連記します。この場合は、ホモ属（＝ヒト）とサピエンス種（＝賢い）を連記して、ホモ・サピエンスとなっています。

　あくまでもこれが国際的に承認されている正式名なので、ホモ・サピエンス以外は学名として認められません。しかしリンネ以後も、人間らしさの様々な側面にスポットライトを当てたい哲学者や歴史家らが後を絶たず、比喩としてその別名を幾通りも提唱するようになりました。比較的有名なものとしては、ホモ・ファーベル（工作するヒト）、ホモ・ルーデンス（遊ぶヒト）、ホモ・ロークエンス（ことばを操るヒト）、ホモ・ポリティクス（政治するヒト）、ホモ・エコノミクス（経済活動するヒト）などがありますが、ウィキペディア英語版で「Names for the human species」と検索してみたところ、そうした別名がなんと60以上も掲載されていて驚かされました。


　さて、本書は偉人たちが語ってきた人間論に、私たち自身が向き合おうという大それた試みなのですが、そんな提案をするのは、それなりの勝算があるからです。ここで大きな鍵を握るのは生物人類学、霊長類学、考古学ですが、その背景を説明するために、再び哲学史に戻りましょう。

　デカルトやパスカルらの時代の哲学は、人間論に向き合うにはまだ大きな弱点を抱えていました。それは18世紀までの古典哲学的人間論では、理性や精神だけが議論の対象となっていたことに加え、「精神を宿す人間は他の動物とは異なる特別な存在」であるとか、「人間の心と体は別の実体（心身二元論）」と考えるなど、自然の本当の姿についての理解がまだ未成熟だったことにあります（ただしアリストテレスは動物としてのヒトの特徴について若干の考察をしています）。

そんな状況が、過去200年ほどの間に大きく変わってきました。ここで登場した新しいアプローチを、「科学的人間論」と呼ぶことにしたいと思います。科学的人間論の発展に貢献した土台として、私は次の5つを挙げます。最初の3つは18～20世紀に、4つ目は21世紀への変わり目に確立され、5つ目は現在進行中の動きです。

本書を理解する上で大事な5つのポイント

1つ目の土台は、生物学における**ヒトの分類の確立**です。前出のリンネは、1758年の『自然の体系　第10版』において、ヒトにホモ・サピエンスという学名を与えるとともに霊長目（サル目）に分類しました。つまり私たちはサルの仲間だと宣言されたわけですが、その正しさは、現代の解剖学、化石形態学、遺伝学などの各種データから裏付けられています。ここで人間らしさを探るにはサルたちとの比較が必須という指針ができ、20世紀中頃から霊長類を集中的に研究する霊長類学が発展するようになります。本書では、第

1・2章で、サルの仲間たちと比較した私たちの特性について見ていきます。

2つ目の土台は、**進化論**です。1859年にイギリスの博物学者チャールズ・ダーウィンが『種の起源』を世に出して、地球上の生命体の相互関連性が理解されるようになりました。それまで全ての生物は神の造作物とされていましたが、実際には共通の祖先から枝分かれを繰り返し、各々が独自の進化を遂げて多様化してきたということです。リンネの時代には似た者同士をグループ分けしていたにすぎませんが、進化論の登場によって、それらが共通祖先を介して互いに結ばれていることが理解されました。さらにダーウィン以降の研究により、生物が進化する基本メカニズムが解明され、これにより、それぞれの種の特徴が、進化を通じてどのように生まれたかを、検討できるようになりました。進化論の基礎については、本書の第3章で扱います。

3つ目の土台は、**生物人類学**です。進化論が正しいとなれば、自然な流れとして人類の進化についての研究がはじまります。人類はいつ、どこで誕生したのか？　初期の人類は、どのような姿をしていたのか？　その後どのような変遷を経て人間らしさが生まれたのか？　人類の化石骨を見つければ、その謎に迫ることができるはず――そんな熱にかられた研究者たちにより、19世紀末から野外での化石探索が開始され、現在までに膨大な発見が積み重ねられてきました。その甲斐あって、現代の生物人類学者は、「人間らしさ」の進化史についてかなり歯切れよく答えられるようになっています。本書の第4・5章では、ホモ・サピエンス以前の人類、つまり猿人や原人たちにおける人間らしさの表出について、見ていきます。

4つ目の土台は生物人類学の1つの成果なのですが、あえて独立に記すことにします。それは**現生人類のアフリカ単一起源説**の確立で、簡単に言えば、「ホモ・サピエンスは30万～10万年前頃のアフリカで誕生し、10万～5万年前頃から世界各地へ広がったことによって今の世界が生まれた」というものです。この説の登場により、人間らしさのルーツについての古典的なヨーロッパ中心思考が大きく修正されました。そんな革命的理論が、本書の第6章のテーマです。

そして最後の5つ目の土台は、生物人類学と考古学と歴史学が合体した人類史、あるいは**グローバルヒストリー**の登場で、これは現在進行中のホットトピックスです。人類史の定義は様々ですが、ここでは文明の発展にフォーカスした古典的世界史描写法から脱し、文明以前あるいは非文明社会も含めて全ての人類社会に配慮した、10万年スケールのホモ・サピエンス総史と捉えることにします。その先駆的著作には『銃・病原菌・鉄』（ジャレド・ダイヤモンド著）や『サピエンス全史』（ユヴァル・ノア・ハラリ著）がありますが、どちらも現代を理解するためにホモ・サピエンス史を切り口にしたことが特徴でした。

私自身は、今後、人類史は人類学のより広範囲な諸分野（化石形態学、集団遺伝学、霊長類学、考古学、文化人類学など）や歴史学、社会学、経済学、心理学、哲学なども含めて、人間理解の推進のために文理融合で強化されるべき新しい分野だと思っています。本書の第7章では、その試論の1つとして、「ホモ・サピエンスは見かけこそ多様だが、中身は多様でない（ヒト多様性のパラドックス）」という不思議な実態について、説明することにします。これは最近わかってきた人間の重要な特質で、まさに今、社会問題となっている差別やダイバーシティの問題に対する、生物人類学からの1つの回答でもあります。

以上の土台から生まれ、これまでに数々の論考を生み、さらに発展しようとしている科学的人間論とは、人間らしさを科学的に解き明かす試みです。科学では1つ1つの仮説に対してデータや証拠を示し、根拠を与えます。そこで誤りがあれば仮説は再考あるいは却下されますし、証拠に十分な説得力があると認められれば、それは正しいと受け入れられていきます。この単純明快なアプローチのおかげで、賢者の仲間に入らなくても、誰でも証拠を吟味して議論に加われるようになりました。つまり手の届かぬ領域にあった命題が、科学によって私たちのもとへ降りてきたとも言えるでしょう。

一方で、複雑な人間という存在は、検証可能なテーマのみを対象にする科学的議論だけで捉え切れるものではありません。むしろ、科学が与える情報を私たちがどう解釈し、どう理解するかに、大きな意味があるはずです（ある意味そこで現代科学と哲学は融合するのだと思っています）。そこで最後の第8章では、それまでの議論を基にした私自身の人間観を紹介した上で、科学的人間論が社会にどう貢献できるのか、私なりの答えを示したいと思います。

古来より哲学者や思想家たちはそれぞれの人間観に基づいて、人の生き方や、社会のあるべき姿や、君主にとっての合理的な統治法を提案してきました。例えば古代中国で、性善説を唱えた孟子は仁義に基づく王道政治を唱え、荀子による性悪説は、人を法律と刑罰で矯正する法家の思想に受け継がれたとされます。仏陀が「欲望や煩悩を捨てなさい」と諭すのは、私たちはそうしたものに取りつかれる存在だという人間観が読み取れます。19世紀に共産主義を唱えたマルクスとエンゲルスの思想の裏には、「文明以前の原始共同体に存在した平等主義的な人間の本性が、資本主義下における利潤追求で歪められたので、共産制に移行することによりそれが回復され平和が訪れる」との人間観と期待があったといいます。しかし20世紀に誕生した共産主義政権は、リーダーたちの変節により、平等で健全な社会を生み出すことはありませんでした。これは理想社会の実現を目指す上でも、現実に即した人間観が必要であることを教えてくれます。

人類学が導く科学的人間論は、こうした政治・経済・社会論、さらに個人の生き方を考える上でのベースとなる、より確かな人間観の醸成に貢献できるはずです。今はまだその途上ですが、本書の議論が、これをさらに推進するきっかけの1つになることを願っています。

なお本書は、私自身が長年様々な大学で行ってきた講義内容を組み直したものなので、受講生から実際に受けた質問やコメントをところどころにはさんだ講義録のかたちをとることにしました。私のひとり語りよりも、学生からの反応を交ぜた方が圧倒的に面白くなり、かつ議論が深まるからです。その意味で、これまで講義を聴いて印象的なリアクションをくれた大勢の大学生たちに、感謝しています。

講義は文科系・理科系を問わず、どの分野の学生にも理解できるようにしてきたものなので、本書でも、基礎事項を中心にわかりやすく説明することを心掛けました。私からの問いに受講生が答えられなかったことも多くありますので、その場合は「……」と記していいます。そんなところは、「自分ならどう答えるかな」と考えていただけるといいと思います。人間について自分で考えながら理解を深めていくのは、誰にとっても刺激的であるはずです。本書を通じて、その楽しさにも触れていただければ幸いです。

〈人類に関する用語について〉

本書でいう**人類**とは、専門的にいうと「チンパンジーと枝分かれした後のヒト側の系統に属する全ての種」のことで、**初期の猿人、猿人、原人、旧人、新人**（ホモ・サピエンス）を含みます。**人間**と**ヒト**は、ともに**現生人類**（私たち現代人と過去を生きた現代人と同類の人類）のことで、その学名は**ホモ・サピエンス**です。本書において「ヒト」は生物種としての存在という文脈で使い、一般的な文脈では「人間」を使いますが、両者は事実上同じ意味です。

目次

第1章

人類が登場して地球はどう変わったか

私たちは地球の支配者？

では、講義をはじめましょう。私たち人間には様々な側面があります。これらの筆頭として最初に考えたいのは、現在のヒトが地球上の他の生命体に対して圧倒的な影響力を持っている事実と、その一方で私たちの出身母体である霊長類（サル目）には、そのような片鱗が見出せないというギャップについてです。

人間は、乱獲や土地改変や大気海洋汚染などにより、多くの生き物を圧迫し、少なからぬ種を絶滅に追いやっていますよね。これまでも、地球環境を激変させて他の生物を絶滅に追いやった生き物がいなかったわけではありません。24億年前頃にはシアノバクテリア（藍藻《らんそう》）が活発な光合成を行うようになり、大気中の酸素を急激に増やして現在のような大気組成に変えました。これを大酸化事変と呼んでいますが、このせいで、それまで優勢だった酸素を嫌うタイプの嫌気性生物が大打撃を受けたと考えられています。

しかしシアノバクテリアには、「自分が生きるために全てを気づかずやってしまいました」という側面がありますが（実際には気づくための知能すら持っていませんが）、人間は、特定の相手を選んでダメージを与え、駆除することもできます。さらに飼育したり栽培したり、生き物の設計図である遺伝子の操作まで行って、他の生命体をコントロールしています。つまり影響力が大きいだけでなく、**意図して支配しているところ**が全く異なるわけです。これまでの地球生命史上、こんなことをする生物はいませんでした。

「そのような人間も、新型コロナウィルスに苦しめられている」と思うかもしれません。確かに、人間が全てを制御する力を持っているわけではないですね。それでも病原菌との闘いの歴史をみれば、これまで多くの犠牲を払いながらも最終的に相手を抑え込んだのは、人類でした。新型コロナウィルス（covid-19）は爆発的に増殖し病原体として大成功しましたが、よく考えれば、それは人類が大繁栄していることの裏返しです。新型コロナは、中国での発生が確認されてから3ヶ月ほどで、アマゾンの奥地にまで拡散しました。数ヶ月で地球の隅々にまで勢力を広げた生命体（ウィルスをそれに含めるとすればですが）なんて、かつていなかったはずです。しかしそれを可能にしたのは、実はウィルス自身ではなく人間です。人間が移動して他の人間と接触するから、ウィルスは数を増やせるわけですよね。**このパンデミックは、人類が地球上にいかにはびこっているかの証**でもあるわけです。

また人類はその活動によって大気組成を変え、気候の温暖化や異常気象を引き起こし、海を酸性に傾け、汚染物質をまき散らして、自分だけでなく他の生物たちを翻弄しています。そうした人類による地球規模の環境破壊は、とりわけ近代に入ってから加速度的に問題化しているので、そこから先を《人新世《ひとしんせい》》という地球史上の新たな時代としようとの提案があります。地球史の区分では、1万1500年前から現在までを完新世と呼ぶ国際的取り決めになっているのですが、そこから近現代を切り離して独立の時代にしようというのです。近年の爆発的な人口増加などを勘案しても、それは十分に説得力がある考えだと思います。ただし実際にいつの時点からを人新世とするかについては、議論が続いています。

要するに人類が登場したことによって、自然に多大な影響が及ぶようになりました。それは46億年の地球史からみれば小さな変化かもしれませんが、地球上の生命にとっては存在を左右する大ごとです。人類はいつ頃から、そのような地球上の強者となったのでしょうか?

「人類は誕生した当初から狩猟をしていて、ある程度強かったのではないでしょうか。」
「テレビ番組でみた猿人とかは、あまり強そうではありませんでした。」

研究史の中ではその両方の説があったのですが、どのような決着になったのか、これから証拠をじっくり見ていくことにしましょう。ではこの問題は一度脇において、次に普段あまり気づくことのない、人間の不思議な側面について考えることにしたいと思います。

「人間はどこにでもいる」ことの異様さ

アフリカ人もヨーロッパ人もアジア人も、アメリカ大陸やオーストラリア大陸の先住民たちも、世界中の現代人はみな**ホモ・サピエンス**（*Homo sapiens*）に属します。これは《賢いヒト》という意味の学名で、18世紀にスウェーデンの博物学者リンネが提唱しました。当時は世界中の現代人は複数の種に分かれるとの異論もあったのですが、リンネ以降も検討が続き、今では遺伝学的データの裏付けもあって、現代人が1種という考えは揺るぎないものになっています。

一方、人類に最も近い霊長類の仲間は**大型類人猿**と呼ばれ、チンパンジー、ボノボ、ゴリラ、オランウータンの4種が知られています。前3者の生息地はアフリカ大陸西部の熱帯雨林地域で、オランウータンの現在の分布域はインドネシアのボルネオ島とスマトラ島に限られます。ただ最近では分類を見直し、ゴリラは2種（ニシゴリラ、ヒガシゴリラ）、オ

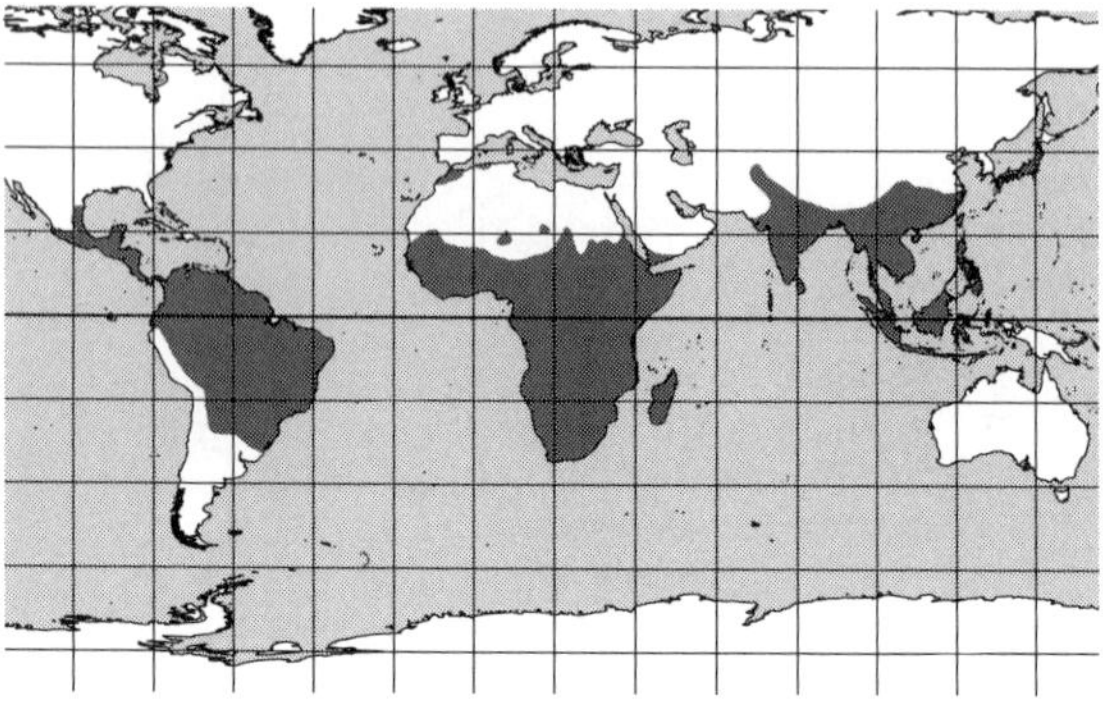

図1-1　ある動物の分布域(答えは本文にあります)。
ネイピア・ネイピア(1987)の図をもとに作成。

ランウータンは3種(スマトラオランウータン、ボルネオオランウータン、タパヌリオランウータン)とする意見が強くなっています。この細分が適切かどうかは議論の余地がありますが、いずれにしても、多種の大型類人猿がかなり限られた土地に暮らしている実態がわかりますね。

一方の人類はホモ・サピエンス1種だけなのに、生息地は格段に広いですよね。現代人は、南極を除く地球上の陸地全体に暮らしています。

では図1－1を見てください。これはヒト以外の霊長類全種の分布域です。研究者によって数え方が変わりますが、現生の霊長類は350～500種いるとされます。それが束になってかかっても、ホモ・サピエンス1種の圧勝。だんだん、私たちの異様さが見えてきましたか?

そもそも霊長類とはどういうグループなのかを、

この生息域の地図から読み取ってみましょう。霊長類が暮らしているのはどういう地域で、暮らしていないのはどういう場所ですか？

「生息地は赤道に近い低緯度地域、つまり温暖な場所です。」

サルは温暖な気候が好きな動物で、そもそも寒い場所は苦手だということが見えてきますよね。ほかには？

「低緯度地域でもサルがいない場所があります。アフリカ大陸のサハラ砂漠と、南アメリカ大陸のあそこは……アンデス山脈ですね。そこにもいません。」

「オーストラリア大陸やニューギニア島にもいません。」

乾燥地帯や高山も、霊長類の棲み家ではないようですね。これでわかってきたと思いますが、霊長類は基本的に熱帯から亜熱帯にかけての森林に暮らす動物です。ヒヒなど一部のグループは草原環境にも適応していますが、高緯度地域、高山、乾燥地帯には広がっていません。オーストラリアやニューギニアにはサルが棲めそうな熱帯雨林がありますが、遠い海の向こうの土地に渡ることはできませんでした。

「日本での分布が気になるのですが、北海道にはいないのでしょうか？」

日本列島にいるのはニホンザルですが、その分布範囲は青森県までで、これは野生霊長類全体の分布域の北限になります。信州などのニホンザルは、雪の中で温泉につかっていたりして、外国人観光客に人気ですよね。スノーモンキーとか呼ばれて。動物の分布を見るときには人が移動させた可能性を検討する必要がありますが、ニホンザルについてはその可能性は否定できます。人類が日本列島に出現した3万8000年前より古いと思われるニホンザルの化石が、青森県から報告されているので。

さてそうなると、人類は霊長類の本来の限界を超えた存在だということになります。しかもここでいう人類とは、ホモ・サピエンスと呼ばれる単一の種の話です。かつての地球の支配者と言えば、1億年前頃の恐竜を思い出すかもしれません。でもそれは恐竜と呼ばれるグループが支配者だったという話で、恐竜の中の1種がそうだったわけではないですよね。しかし霊長類では事情が異なっていて、ホモ・サピエンス1種のみが、今の地球を支配している。我々はこの点においても、地球生命史上の異様な存在と言えるのです。

霊長類以外の動物とも比べてみましょう。草食動物は主食とする植物の分布域の外に出られませんが、肉食動物はその縛りが緩くて分布域がより広い傾向があるので、そっちの例を考えます。例えばオオカミ（*Canis lupus*）は、かつて日本列島を含むユーラシアから北米大陸まで、広域分布していました。それでもオオカミは北半球の温帯から亜寒帯地域を中心に分布する種で、アフリカ大陸や、アラビア半島の砂漠、東南アジアの密林、および中南米にはいなかった。一方のホモ・サピエンスはこれら全ての大陸のみならず、海の向こうの島々にまで暮らしていて、その分布域は実に太平洋の中央にあるハワイ諸島までおよんでいます。

「世界中にいることが人間らしさの1つというのは、考えてみると本当にそうですね。そうなると、ホモ・サピエンスの前の原人や旧人の分布域がどうだったのか、気になってきました。人類ははるか昔から常軌を逸する霊長類だったのか、それともホモ・サピエンスだけが特異なのか、どうなんでしょう？」

そこが明らかになると、私たち自身がどういう存在なのかがもっとよく理解できそうですよね。そのことも、順を追って見ていくことにしましょう。

人類が誕生した場所

では次に、人類はどこで誕生したのかを考えます。皆さんは答えを知っていますね？

「人類が誕生したのはアフリカです。」

学校の教科書にそう書いてあります。でもそうだとわかってきたのは、20世紀の後半になってからで、それ以前はアジア起源説が有力でした。

「えっ、そういう説があったんですか？」

この講義では結論を覚えるよりも、**どうやってその結論にたどり着いたのかという疑問を大切にする**ことにします。それは学問の歴史、つまり学史をたどるということになるんですけど、そこを飛ばして結論だけ覚えるようになると、真実を探り当てる感覚が養われないんですね。新しい発見をする人は、誤りを見つける感覚が鋭い人でもあります。根拠を追究して本当に正しいと言えるのか納得しようとする習慣をつけると、真実を見抜く感覚が磨かれていくし、フェイクニュースとかにもだまされにくくもなりますよ。たぶん（笑）。

　では人類の起源についてですが、今知っていることは一度忘れて、19世紀にダーウィンの進化論が広まって、人類進化の研究がはじまった頃の状況を想像してみましょう。人類の化石はまだあまり見つかっていない時代なので、化石を根拠にした議論ができません。そんな時代に頼りにされたのは**比較解剖学**という分野で、体つきが似ている動物どうしを近縁、つまり近い関係にあると捉え、近縁な種の分布域から類推していったんですね。

　つまり、人類は比較解剖学的に霊長類であり、サルは暖かい地域の生き物なので、人類の祖先も熱帯で誕生したと予測します。さらにヒトに近縁な大型類人猿としては、オランウータンが生きている東南アジアと、チンパンジー、ボノボ、ゴリラが暮らしているアフリカがあるので、そのどちらかではないか、というわけです。これは確実な証拠にはなりませんが、選択肢を絞るには有効で、今でも使われるロジックです。

　そしてその次が問題なのですが、当時の学問をリードしていた欧米の研究者の多くは、**アフリカ起源説**よりも**アジア起源説**を支持していました。それは古代文明が興ったユーラシアに対して、アフリカを未開の地とか暗黒大陸とする偏見が作用したからだと言われています。

「偏見で判断するって、科学的ではないですね。」

全くそうなのだけど、私たちは今答えを知っているから、簡単にそう言えるのかもしれません。科学者もその時代の社会の風潮に流されることがあって、私たちはそれを教訓にしなければなりませんね。

ともあれ、1970年代頃から急速に発達した**分子生物学**により、間接的にではあるけれども、遺伝子の上で人類はアジア類人猿よりもアフリカ類人猿に近いことが報告されました。さらにそれとほぼ同期して、野外で化石を探す動きが活発化し、古い人類化石はアフリカ大陸でしか見つからないことが次第にわかってきたんです。現在でも、210万年前より古い人類遺跡は、アフリカ以外からは発見されていません。「見つかっていないことは存在しないことの証拠にはならない」といえばそのとおりですが、大勢がこれまでさんざん探してやはりないので、アフリカの年代を超える遺跡が将来ユーラシアで見つかるとは、とても思えません。「人類はアフリカで誕生した」と今の教科書に自信を持って書けるのは、そんな長年にわたる証拠の積み重ねがあってのことです。

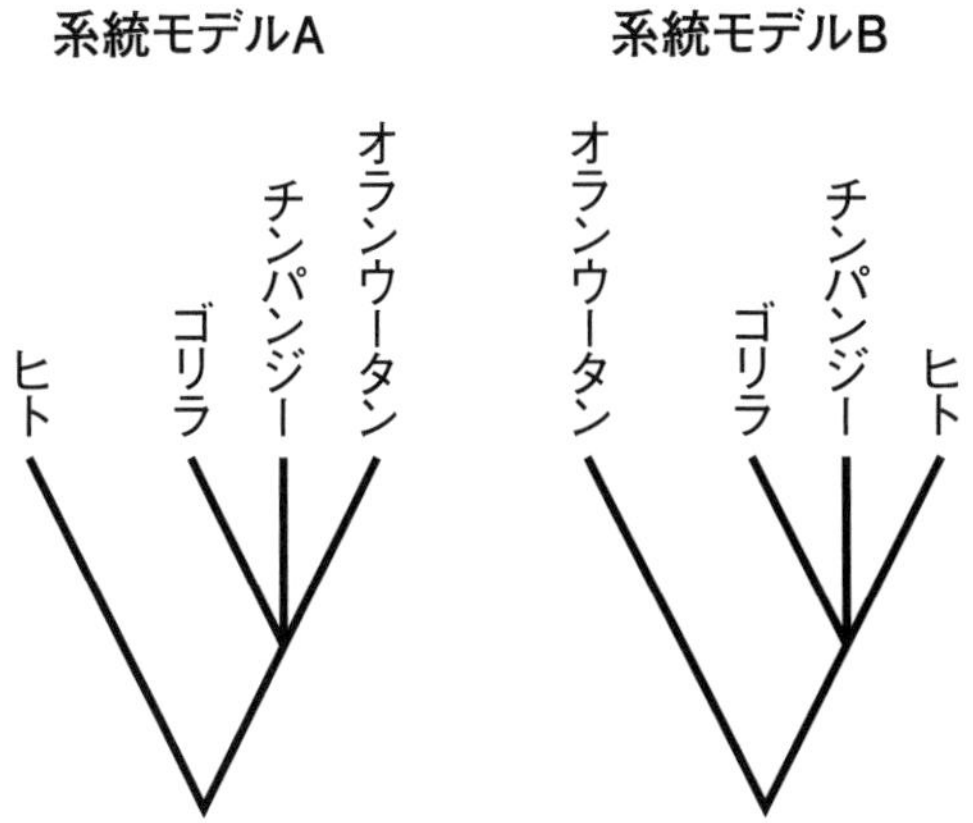

図1-2　ヒトと大型類人猿の系統進化モデル。

人類とチンパンジーの関係

では次に、ヒトと現生の類人猿たちとの関係性について見ることにしましょう。図1－2に2つの系統関係のモデルを示しましたが、1つは、大型類人猿のどのグループよりもヒトは遠いというもので、もう1つは、ヒトとチンパンジーが近くて、ゴリラやオランウータンは遠いというものです。答えを知っている人もいるかもしれませんが、それは忘れて、素直に考えるとどれが正しそうですか？

「Aのモデルがしっくりきます」

ですよね。大型類人猿はみな似ていて、ヒトだけが異質な容貌をしていますから、私たちは独自の道を歩んできたと考えたくなります。１９６０年代頃までは、「人類は非常に特殊なので、その進化には３０００万年ほどの長大な時間がかかった」という考えもありました。それくらいの長時間をかけないと人類の特殊さは生まれないというのは、むしろ自然な発想でしょう。ところが意外なことに、そうではなかったことが判明します。今ではＢの系統関係が正しく、人類の誕生は比較的最近のことだとわかっています。

ではどうやって今の理解に至ったかと言いますと、まず先ほど触れたように、１９７０年代に一部の遺伝学者が、「ヒトはチンパンジーと近縁で、両者が分かれたのは５００万年前頃だ」と言い出したんです。そこではタンパク質を使って、間接的に遺伝子を比較する新しい手法がとられました。しかし野外で泥にまみれて化石を見つけ、そこからものを考えようとしていた化石形態学者の一部には、それがよそ者による筋違いの言いがかりのように聞こえたんですね。だから当初は激しい論争が起こりました。

しかし結局、化石の発見が増えるにつれ、化石証拠もＢの短期説を示していることがわかってきた。２００数十万年前を超える古い人類化石はアフリカでしか見つからず、最古の人類化石は４００万年前くらいなので、遺伝学者の言うことが正しいとの認識が生まれてきました。

「遺伝学と化石形態学のバトルだったんですね。」

そういう面がありました。でもこの話にはまだ続きがあって、21世紀に入るとアフリカで７００万年前頃の人類化石が発見されて、遺伝学者が主張していた５００万年というのは厳密には正しくないことがわかりました。そのため今では、人類の誕生は７００万年前頃と言われるようになっています。この後半のくだりは、形態学者が遺伝学者に逆襲したみたいな感じですが、まあどの手法にも利点と弱点があって、互いにそれらを補い、誤りに気づいたときには修正しながら、学問は進歩しているわけです。

そういうわけで、人類の進化は意外に短期間で生じていたことがわかりました。これは「進化は常にゆっくり起こるもので、大きく変化するにはそれなりの時間がかかる」というそれまでのイメージを否定したことにもなります。生命体の劇的な進化は、ゆっくり累積的に生じることもありますが、速く短期間で起こることもあるわけです。

実は７００万年間の人類進化も、一方向の単調な変化ではありませんでした。詳しくは後で見ていくことになりますが、人類進化の道には紆余曲折もあれば、どこかで加速したり、逆戻りしたりすることもあったというのが実際です。現実に何が起こったのかは調べてみないとわからない。それが最前線で調査している研究者の実感であり、だからこそ研究しがいがあります。

人類は最初から強者だったのか

では冒頭の疑問に戻ります。現在の地球上ではホモ・サピエンスが支配的地位を得ていますが、700万年前頃のアフリカに登場した最初の人類は、どれくらい強い存在だったのでしょう？　人類はそれなりの強者として登場し、700万年かけてその立場を徐々に強めていったのか、あるいはそうではないのか、これも調べてみないとわかりません。

まず、私たちが属する霊長類（サル目）について考えましょう。霊長類は、自然界で成功したグループだと思いますか？

「成功とは、数が多いとか多様とか、そういうことでしょうか？　哺乳動物の中で優勢かと言えば、それほどではない印象です。」

霊長類は、熱帯から亜熱帯の森林を主な生息域とするグループでしたよね。そんな環境で、木の上を飛び回って、主に昆虫、葉、果実などを食べて生きています。この樹上という環境においては、霊長類は比較的強い立場にあると言えそうです。しかしそれは裏を返せば、外敵が多く競争の厳しい地上を避けて、安全な場所に逃げ込んだということでもあります。

中には例外がいて、アフリカのサバンナではヒヒ属が、そしてアジアではニホンザルなどのマカク属が、それぞれ地上性を強めて生活しています。しかしそうは言っても、多様なレイヨウ類、バッファロー、スイギュウ、キリンなどを擁する偶蹄類《ぐうてい》（ウシ目）などに代わって、サルたちがサバンナの主役になることはないでしょう。この偶蹄類というグループの繁栄は広範囲に及んでいて、シカ、ヤギ、イノシシなどは山で幅を利かせているし、ヨーロッパからシベリアにかけての寒冷地など、野生霊長類が暮らしていない場所でも繁栄しています。多様性という面からみても、齧歯類《げっし》（ネズミ目）は２０００〜３０００種いるのに対し、霊長類は３５０〜５００種です。

そもそも霊長類（primate）には「万物の首長たるもの」（prime）という意味が込められ

ているのですが、それはヒトがそこに入っているからその名になったのであって、そうでなかったらリンネは別の名にしていたかもしれません。つまりグループとして、霊長類はそこそこ繁栄してはいても、大成功しているとは言えそうにありません。霊長類には、他の動物を威圧するような力強さもありません。

「でもゴリラは強そうです。」

確かにゴリラは例外的です。しかし実際にゴリラを観察している研究者によれば、映画のキング・コングみたいな暴力的イメージとは全く違って、優しささえ感じられる生き物だそうですよ。そもそも彼らはアフリカの密林に籠って出てこないし、あの体格をしてもヒョウを恐れ、夜間は樹上につくった枝葉のベッドで寝ることもあります。チンパンジーも、ライオンやヒョウには狙われる立場。インドネシア語で《森の人》という意味のオランウータンも、いい体格をしているけれど、やはりトラを恐れてほとんど地上に降りてきません。

人類はそんな類人猿から進化したわけですが、アメリカの人類学者デイビッド・ピルビームが、こんな面白いことを言っています。

「仮に宇宙人がいて、1500万〜1000万年前の地球を観察していたとしましょう。その頃のアフリカでは今よりも森林が広がっていて、現在より多様な類人猿のグループが繁栄していました。今からは想像しづらいかもしれませんが、その頃はヨーロッパやアジアにも多くの類人猿が生息していて、類人猿の黄金時代でした。それでも、その類人猿の暮らしぶりを眺めていた宇宙人が、やがてこのグループからヒトのような怪物が生まれるとは、予測できなかったはずです。」

所詮、類人猿は森林環境から離れられないグループだし、実際にこの時期の後、どんどん衰退していきました。そんな類人猿から進化した最初の人類は、さして強い存在ではなかった可能性が高いですね。でも人類はどこかの時点で、なぜか、森林を出て危険なサバンナへ本拠地を移します。そしてさらに時がたった今においては、ゾウやライオンに警戒されるどころか、そうした陸の王者たちを絶滅に追いやる存在となりました。

ヒトとサルって、それくらいの乖離があるんですよね。なぜ一介のサルの一種がこれだけの力を得るようになったのか――これは人類最大の謎かもしれません。この謎を解いて、私たち自身を理解するには、人類がたどってきた進化の道筋を調べる必要があります。

というわけで、この講義ではおよそ700万年の進化史の中で、人類はどこでどのように変貌していったかを、たどります。でもその前に、ヒトは他の動物たちと比べてどう特殊なのか、もっと突っ込んで調べておきましょう。つまり人間らしさの由来を考える前に、その中身を見ておきたいと思います。

第2章

ヒトとサルはどう違うのか

霊長類の仲間

私たちは哺乳類の中の霊長類（サル目）のメンバーですから、哺乳動物としての特徴、霊長類としての特徴、それにヒト独自の特徴をあわせ持っています。それらを整理しながらヒトの特徴を考えていくことにしましょう。

まず霊長類にはどんな仲間がいるかですが（図2－1）、サルと言われればニホンザルやヒヒを思い浮かべる人が多いでしょう。これらのグループは一般に旧世界ザル（正式にはオナガザル科）と呼ばれ、アフリカとアジアに分布しています。それからチンパンジーやゴリラやオランウータンなど、ヒトと近いグループは類人猿。さらに中南米のジャングルには新世界ザルと呼ばれるグループがいて、以上の3者とヒトを合わせて**真猿類**《しんえんるい》、つまりサルらしいサルというふうに呼んでいます。真猿類の大事な特徴の1つは、1種の例外を除いてみな昼行性、つまり日中に活動して夜は寝るタイプだということです。

真猿類とは別のグループとして、口元が前方に突き出るなど原始的な特徴を持つ一群がいて、**原猿類**《げんえんるい》と呼ばれています。マダガスカル島にいるキツネザル、アフリカ大陸にいるガラゴ、アフリカと東南アジアにいるロリス、東南アジアにいるメガネザルがその仲間で

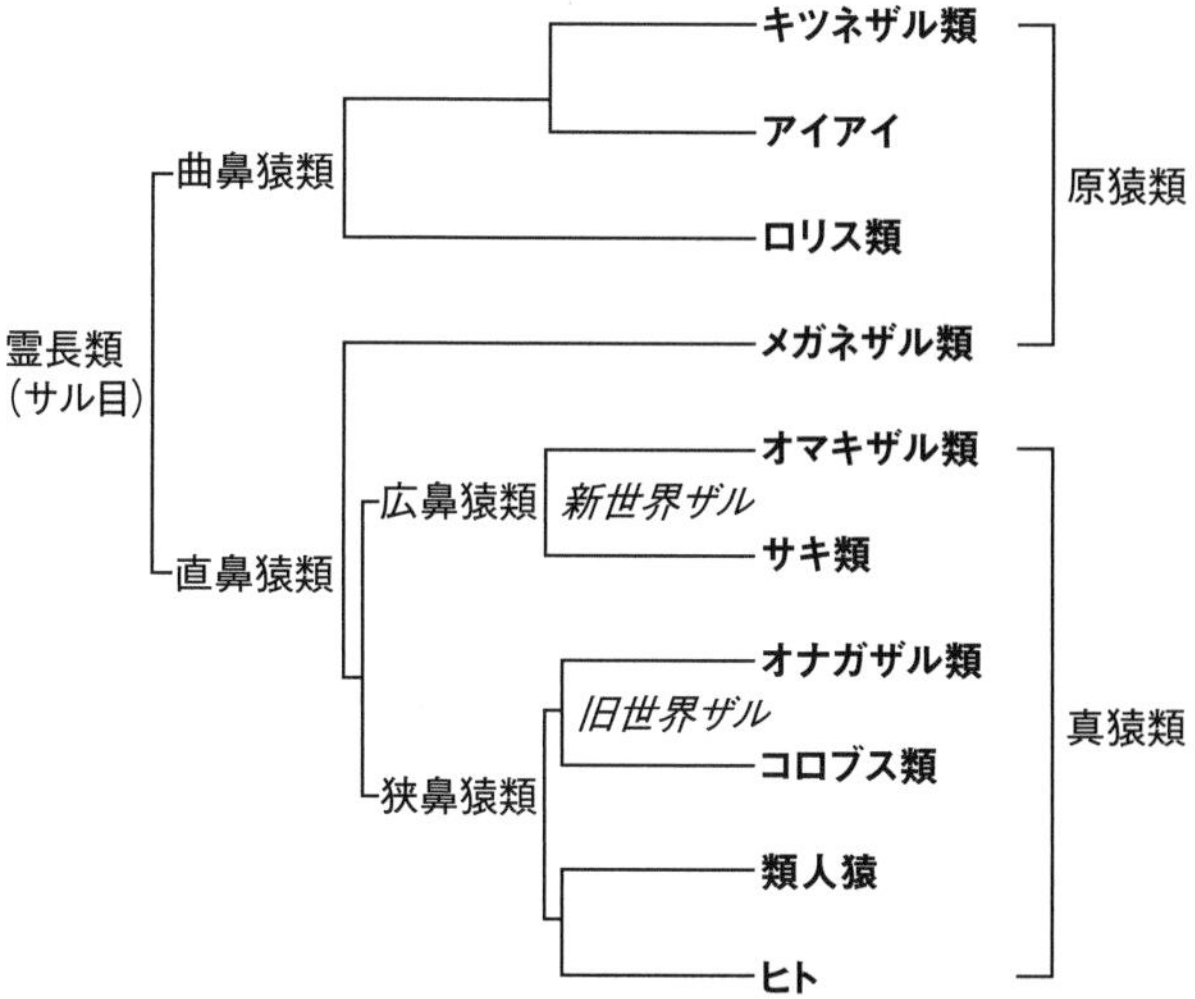

図2-1　現生霊長類の分類。
公益財団法人日本モンキーセンター（2018）をもとに作成。

す。このうちキツネザル以外はみな夜行性ですが、たぶんそれが原因であまり馴染みのないサルたちです。

なお原猿類と真猿類は正式な分類学用語ではありませんが、霊長類の仲間を説明する上で便利なために使っています。野生霊長類の種数は数え方によって変わるのですが、３５０〜５００種ほどとされています。図１－１で見た通り、霊長類の生息地は基本的に熱帯から亜熱帯にかけての森林です。

ヒトがスポーツを楽しめるわけ

では最初の話題として、姿勢と動き方に注目します。ウマとかゾウとかモグラとか、他の動物の動き方を思い浮かべながら考えて欲しいのですが、サルって、どんな動きをする動物ですか？

「……」

答えに困りますよね。それもそのはずなんですが、図2－2を見てください。①は原猿類の仲間が木から木へ跳躍しているところで、長い後脚を使って力強くジャンプしています。②は手足で枝をつかみながら樹上を四つ足で移動する様子で、中型のサルによく見られます。③は地上性の強いヒヒですが、手のひらと足の裏を地面につけて四つ足で歩いてます。④はチンパンジーですが、手の指を軽く折り曲げてその背面を接地させる、ナックル歩行と呼ばれる独特の四足歩行をしているところです。ゴリラもこうして歩きます。⑤はテナガザルで、長い腕で木の枝をつかんで腕渡り（ブラキエーション）をします。最後に

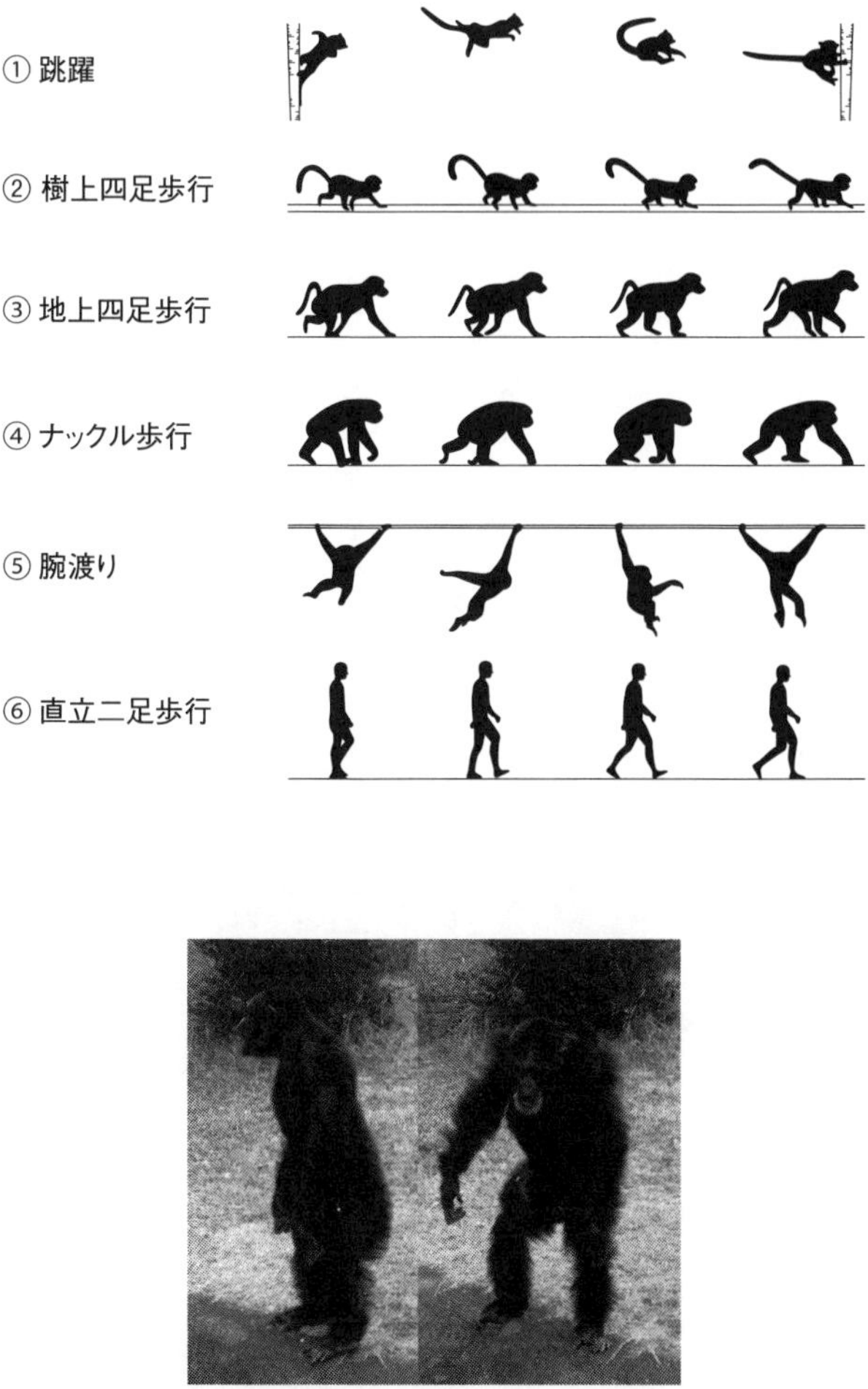

図2-2　上）霊長類の動き方。Lewin（2004), Schmidt（2010), http://www.gibbons.de の図を改編。
下）立ち上がったチンパンジー（日本モンキーセンターにて著者撮影）。

⑥はヒトで、直立して地上を二足歩行しています。

つまり霊長類の動き方って、1つに絞れないんですね。しかもそのほとんどが、他の動物では見られない独特な動きです。そこで「様々な動きをするのが霊長類」という、少し乱暴なまとめになります。

さらにもう1つ重要なことに、各種の霊長類は、それぞれここに紹介した以外にもいろいろな動きをします。キツネザルはジャンプ以外に地上を四つ足で歩きますし、ちょっと不格好だけど、チンパンジーやニホンザルも二本足で立てます（図2－2）。私たちヒトも、得意ではないけど四足歩行ができるし、腕渡りだってできます。

なぜサルたちにこんなことができるかと言えば、それは個々の関節が、可動性を高めるように設計されているからです。私たちは肩をぐるっと回せるし、左右の脚を開いたり、つま先を横に向けたりもできます。しかし例えばですが、ウマが肩を回したらびっくりしますよね。それはウマのような有蹄《ゆうてい》類は大地を疾走することに特化し、関節の動きを一定方向に制限しているからです。

私たちが四肢を自由に動かせるのは、肩関節や股関節が球関節と呼ばれる構造をしているからです。肘関節はさらに興味深いので、皆さんも次の動きを試してください。腕を前に伸ばして、手のひらを表や裏に返します（解剖学ではこの動きを回内・回外といいます）。

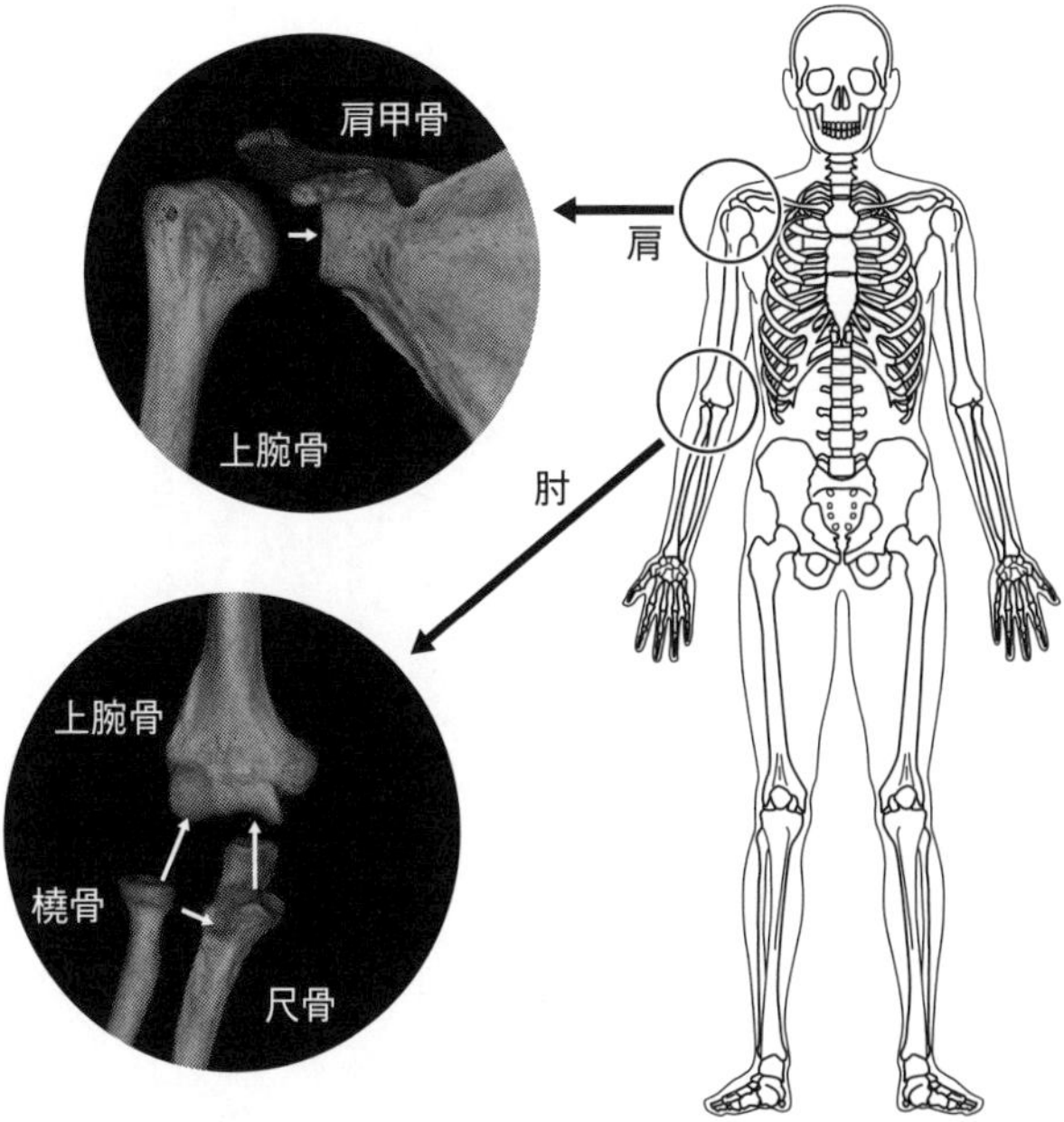

図 2-3　ヒトの肩と肘の関節構造。

さらにそうしながら肘を曲げてみましょう（屈曲）。『きらきら星』の歌の振りみたいになりますが、この異なる運動を両立するのはヒトと類人猿の得意技です。

では私たちの肘関節がどうやってそれを可能にしているかですが、それは肘から先の前腕を構成する２つの骨が、見事に役割分担しているからです。図２－３に示したように、小指側にある尺骨《しゃっこつ》は、上腕骨と滑車状の関節を形成して肘の屈曲と伸展を担います。親指側にある橈骨《とうこつ》は、浅い臼状の関節面を持っていて、尺骨の周りを回転して回内・回外ができる仕組みになっています。

ちなみにネコはとてもしなやかな動物で、「ネコは固体か液体か」なんて冗談もあるほどですが、その最大の特徴は脊柱の柔軟性にあって、霊長類とは違う方向に運動の自由度を発達させています。

このような霊長類の高い関節可動性は、枝を握りながら樹上を動き回っていたその元々の姿に起因したものでしょう。私たちはそんな遺産を受け継いでいるわけですが、オリンピックで見るような多彩なスポーツができるのも、そのおかげと言えます。人類は他の哺乳動物たちと比べたら、パワー、瞬発力、ジャンプ力などで見劣りしますが、実はいくつかの面で、他の動物やサルたちより秀でた運動能力を持っているんですよ。その話は、後で原人の進化の話をするときに紹介することとしましょう。

ヒトの直立はどう特殊か

ニホンザルやチンパンジーなど、ヒト以外の霊長類の一部も二足歩行できると言いましたが、その中でヒトが特殊なのは直立姿勢をとるところです。直立というのは、膝から腰から上半身から頭部までが一直線上に並ぶ姿勢を言います。

他のサルたちは、立ち上がった時どうしても腰が曲がってしまうので、この直立姿勢をとれません。その原因となっている骨格構造の違いを探るため、図2－4を見てみましょう。チンパンジーとヒトの骨格は、どう違いますか?

「骨盤のかたちがかなり違います。チンパンジーは縦長で、ヒトは短い。」
「チンパンジーはO脚というか、左右の後脚がまっすぐです。」
「チンパンジーは腕（前脚）が長く、脚（後脚）が短いです。」

いろいろと違いますよね。四足なら骨盤は長くて構わないのですが、直立するとそうはいかなくなります。骨盤＝大腿骨間（股関節）と骨盤＝脊柱間の関節（仙腸関節）との位置

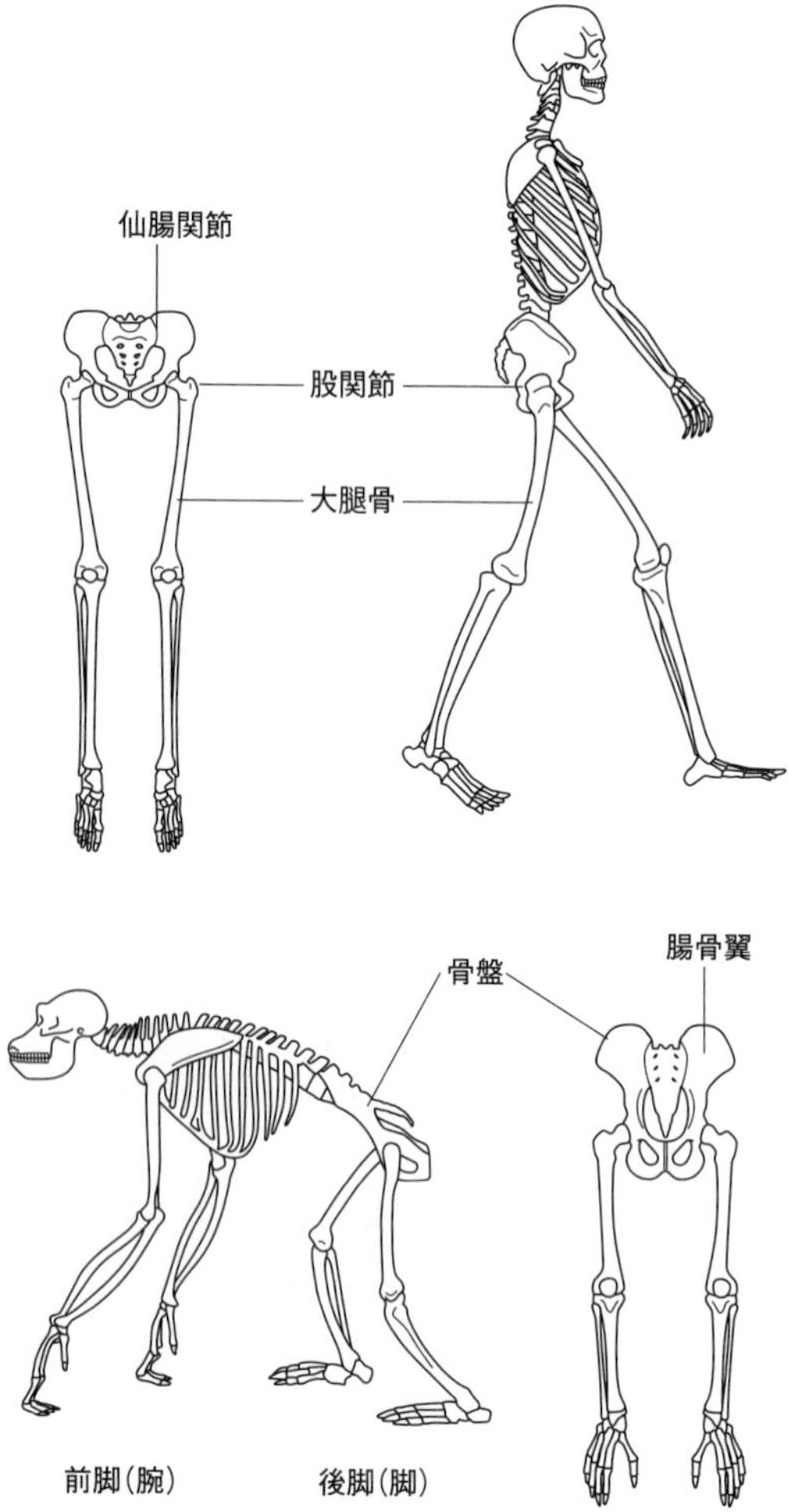

図 2-4　ヒト(上)とチンパンジー（下)の骨格の比較。
britannica.com/science の図を改編。

関係に注目して欲しいのですが、両者の距離が離れていると、直立時に不安定になってしまいます。この問題を解消するには、ヒトのように骨盤を短小化させる必要が生じました。

同時にチンパンジーでは、骨盤上部の翼状の部分（腸骨翼《ちょうこつよく》）が横向きなのに対し、ヒトの骨盤はそこが前方に回り込むようになって、立体的な構造に変化していることに注意してください。両者の横向きの絵を比べると、そのちがいがわかりますよね。この構造のおかげで、ヒトでは中殿筋《ちゅうでんきん》という脚を動かす筋を左右とも骨盤の横側に配置し、歩行時の片足立ちの時に身体が左右に崩れない仕組みができました。

ヒトの膝は、股関節に対して少し内側に入っていることも特徴です。こうなっていると、片足立ちのときに安定しますよね。日本整形外科学会によれば、成人の膝は約4度の角度をつくるのがふつうとのことです。この部分は成長にともなって変化するのですが、乳幼児期はO脚的で、小児が歩行を開始すると逆にややX脚になり、その後7歳くらいになると図2－4のような大人の状態になるそうです。ただし現代人の成人でも、骨格の病気あるいはそうでなくても何らかの原因でO脚やX脚になることがあります。

それからヒトで脚が長いことは、歩幅が伸びてランニングや長距離移動に有利です。もっと細かく見ていくと、直立に伴ってヒトでは頭骨の真下に脊柱が連結しており、その脊柱はS字状に湾曲していて、下方の椎骨（腰椎《ようつい》）はサイズが大きく体重を支えるのに適した構造になり、さらに足底部は前後左右の両方向にアーチ状に変化（「土踏《つちふ》まず」の発達）していています。このように全身の各所に影響が及んでいる事実は、それだけ直立することが簡単ではないことを示しているのでしょうね。

もちろん骨格だけでなく、姿勢変更の影響は軟部組織にも及びます。四つ足の動物では内臓を背中から吊って腹部で受けるのですが、立ち上がったヒトでは、上方にある横隔膜に接着させ腸骨翼で下から支える構造に変更しました。また、大事な脳を心臓の上方に持ってきてしまったために、そこに血液を回すことが困難になり、脳が貧血になりやすいなどの困難を抱えることにもなってしまいました。

そんな身体の大改造と苦労を経て進化した直立二足歩行であるわけですが、結果としてヒトの歩行はエネルギー効率の面で優れたものになりました。膝や腰が曲がっていると、体重を筋のパワーで支えることとなってしまいますが、直立していれば重力を骨格で受け止められるので有利です。さらにヒトは、筋と違って疲労しない靭帯《じんたい》を身体各所でうまく使うなどして、歩行時のエネルギー効率を上げています。進化の過程でこうした省エネルギーの仕組みを獲得したとき、自然界における人類の立場は大きく変化したに違いありません。

裸のサルの誕生

1967年に刊行されたイギリスの動物学者デスモンド・モリスの著作に『裸のサル』というのがあります。この表現には、「人間はサルと違って毛皮を持っていないけれど出自はあくまでもサル」という意味が込められています。厳密には類人猿とヒトの体毛の数は同じくらいなのですが、ヒトの場合は頭皮、わき、陰部などを除くと体毛が細く短いため、実質的に裸のような印象となっています。

水生や超大型の種を除けば、霊長類も含めヒト以外のどの哺乳動物も、体は毛皮に覆われています。毛皮の何がいいかというと、毛の間に空気の層ができて外気を体表面と離す効果を生むので、外が暑かろうが寒かろうが、体温を一定に保ちやすくなるんですね。起毛筋という微細な筋肉が働いて毛が逆立つと、この空気層の厚みが増して断熱効果はさらに高まります。また、毛の根本には油分が分泌されるので、雨に濡れても毛皮の撥水効果が発揮され、体温は簡単に下がりません。毛に覆われていれば、皮膚が傷つくリスクも減るし、紫外線からも守られます。

哺乳動物が進化させた毛皮はこんなにも素晴らしく、人間はその価値を知っているから、自分の衣服に仕立てているくらいですよね。自分の毛皮は捨てて他者のものを使うなんて、全くおかしな行動です。ではなぜ私たちは、自身の毛皮を捨てたのでしょう？

「……もしかしてセックスアピールとかでしょうか？」

結果として後からそうなったとは思われますが、皆が毛皮を持っていた祖先の状況下で、死亡リスクの高い薄毛個体がモテる状況は考えにくいですよね。もっと別の、強力な選択圧があったはずです。人類が裸になった理由としては、ほかにも体が大きくなったため、水中生活をしていたため、毛皮の中に棲みつく寄生虫を防ぐため、衣服を着るようになったためなど、珍説も含め様々な提案があります。その中で最も合理的で、多くの研究者が支持しているのは、体温調節と関連する仮説です。

ではちょっと質問を変えますが、とても暑いとき、体温を下げるために私たちの身体はどう反応しますか？

「汗をかきます。」

ですね。汗が皮膚表面で蒸発すると皮膚から気化熱を奪うため、身体が効果的に冷やされます。しかしヒトのように大量に汗をかく動物は、ほかにいないんですよ。そもそも哺乳動物は毛皮をまとっているので、汗をかいてもその効果は薄いですよね。つまり汗をかくことは、裸になることとセットで進化したはずなのです。

そうなると、「ヒトはなぜ裸なのか」という疑問は「人類はなぜ毛皮を捨ててまで発汗という仕組みを進化させたのか」に変わります。ではこれを考えるため、哺乳動物がどうやって過剰な体温上昇を防いでいるかをみてみましょう。

哺乳動物の主要な汗腺としては、アポクリン汗腺と**エクリン汗腺**があります。アポクリン汗腺からは脂質やタンパク質を多く含む液体が分泌され、主にフェロモンのような作用を果たしているようです。体温冷却の効果が期待されるのは、ほとんど水からなる（ヒトでは99％）エクリン汗なのですが、多くの動物ではエクリン汗腺は鼻先や手のひらなど、毛皮でない部分のみに局在しているだけで、その実際の効果は薄いんですね。

では動物たちがどうやって体温を下げているかというと、中～大型種の多くが採用しているのが、ハアハアと激しく息を吐くパンティングです。イヌはそのわかりやすい例で、長い舌を出して激しく呼吸することで、舌や口腔粘膜などについた水分を蒸発させ、それによって身体を冷やしています（図2－5）。ウサギとゾウの体表面にも汗腺がありません

図 2-5　暑さに対する動物たちの行動。イヌ（左）とアフリカゾウ（右）。

が、これらの動物は、毛細血管が走る大きな耳を使って空気中に熱を逃がします。ゾウがパタパタと耳を動かしている理由は、そこにあるわけです。

ウマは例外的に汗をかく動物として知られていますが、それはアポクリン汗腺由来でタンパク質に富む特殊なもので、毛皮があるせいで冷却効率には限界があります。他のやり方として、ゾウやカバやスイギュウのように、頻繁に水浴びをするものもいます（ただし毛皮のある哺乳動物は一部を除いて水浴びをしません）。あるいはゴロンと昼寝をしているライオンを見ればわかるように、そもそも熱帯の平原で暮らす動物たちは、暑い日中にはあまり活発に動きません。

このように動物たちは、それぞれ高温に対処しています。しかし肌を露出して水を贅沢にまき散らす人類に比べれば、その効率はどうしても劣ります。

一方の霊長類では、エクリン汗腺を使った発汗機能が若干ながら強化されています。エクリン汗腺が全身に分布するヒト型のパターンは、原始的な霊長類にはないのですが、ニホンザルやヒヒ、そしてチンパンジーなどで確認されています。そして全ての汗腺の中でのエクリン汗腺の存在比は、ニホンザルの仲間で50％、チンパンジーとゴリラでは66％と上がりました。つまりヒト型の発汗システムは、霊長類の進化史の延長線上にあったと言えそうです。

とはいえ、ヒト型発汗システムの出現は、やはり劇的ですよね。人類は、毛皮のほとんどをなくすという肌の大改造を行いました。そして汗腺のほぼ全てをエクリン汗腺に置き換え、その総数は約200万を数えるに至っています。アポクリン汗腺はわきの下や陰部などに残るだけで、フェロモンとしての働きはほぼ失っているようです。こうして汗をかくために、裸のサルが誕生したと考えられています。

ただしこの革新的メカニズムの導入は、大きな代償を伴いますね。日常的に汗をかくようになれば、それで失った水分と塩分を補給し続けなくてはなりません。肌が外界に露出した分、皮膚を丈夫にする必要もあります。**人類がそれだけの対価を払ってまで新システムを進化させたのには、何かよっぽど切迫した理由があったはず**です。それについては、後で原人の進化の話をするときに説明したいと思います。

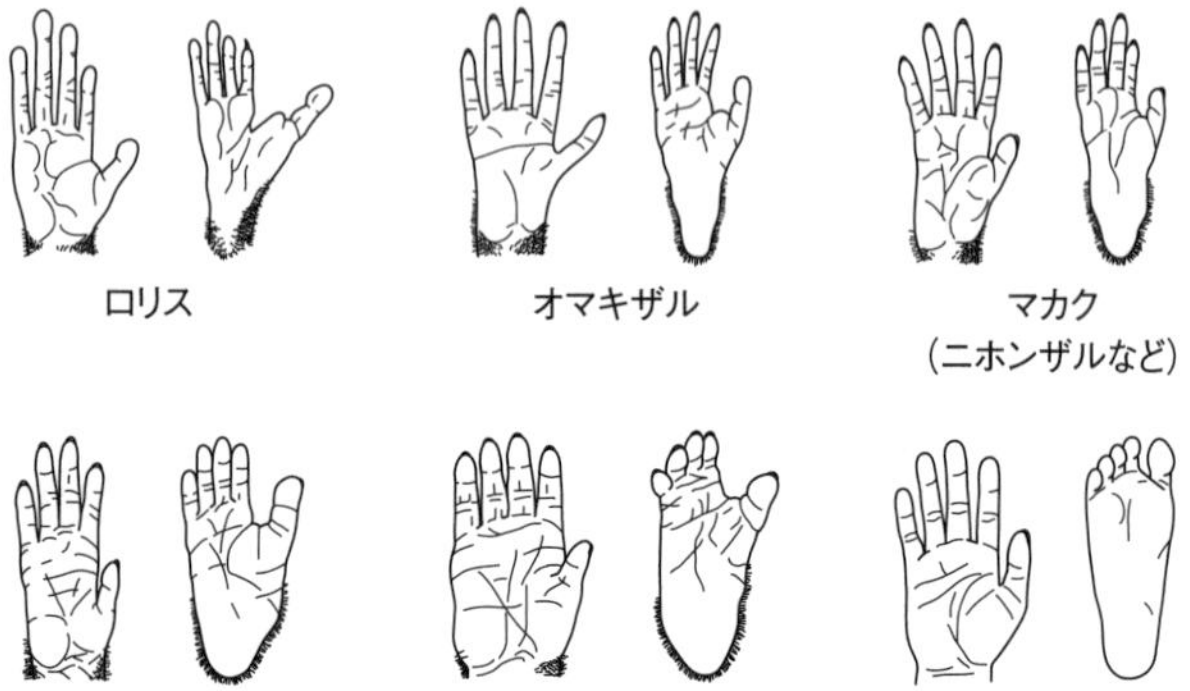

図2-6 霊長類の手足。それぞれ左側が手、右側が足。Schultz（1969）の図をもとに作成。

原始的な5本指が生んだ素晴らしきもの

では次に手と足に注目したいので、図2－6を見てください。いろいろなサルの手と足を比べた図なのですが、どう思いますか？

「えっ、サルの手はヒトとよく似ているんですね。手相までありそうな……。」

「ヒトと違って、サルは手と足の違いがあまりないように見えます。」

いいところに気づいてくれました。ヒトの手は5本指で、親指が横方向に突き出ていて他の4本と向き合うので、ものを握れると習いませんでしたか？　これを**母指対向性**《ぼしたいこうせい》といいます。

サルたちもこの特徴を共有していることがわかりますが、そもそも、5本指は哺乳類の**原始形質**です。祖先状態ともいいますが、太古の共通祖先が持っていた形態のことですね。多くの哺乳動物の系統では、そこから指が次第に減っていきました。特に有蹄類は四足で大地を駆けるときに指が多いとかえって邪魔になるので、最も極端な例としてウマは1本指になってしまいました。

一方で霊長類の指では、**平爪**《ひらづめ》という新たな形質が進化しました。多くの哺乳動物は鋭い鉤爪《かぎづめ》を持っていて、それで相手を傷つけたり、物体にしがみついて登ったりします。ところが霊長類は進化の過程でそれをやめ、木を手足でつかんで上るようになりました。その際にものに触れた指先が安定するよう、平爪が進化したと考えられます。

ところで、手でつかみながら木登りすることのメリットって、何だと思いますか？

「……」

体が小さければの話ですが、木の上の細い枝先まで行けて、そこになっている果実を採ることができます。チンパンジーは毎夜、木の上に枝葉をしいたベッドを作って寝るのですが、そのとき、ヒョウが登れないような細い木を選んだりもするそうですよ。一方でサルはあまり太い木には登れなくなってしまったんですけどね。それから原猿類には、手や足に鉤爪と平爪を混在させているものもいます（図2－6）。指1本は鉤爪で残りは平爪の手なんて私も初めて見たときはぎょっとしましたが、そういうサルなんですね。

さて、指で握る行動と関連して進化したものが、もう1つあります。皆さん、自分の指紋を見てみてください。指紋は解剖学では**皮膚隆線**《ひふりゅうせん》と呼ばれる細かなうね状の構造で、しわとは別に存在しています。指紋は指先にあるとイメージしているかもしれませんが、皮膚隆線はもっと広い範囲に分布しているはずです。どこまで広がっていますか？

「手のひら全体にあります。」

そうですよね。では手首を越えて腕にはありますか？

「ありません。」

手の甲側には？

「ありません。」

そのはずです。もしそこにもある人がいたら教えてください。珍しい変異として日本解剖学会に報告します……とは冗談ですが、このように手のひらだけに存在する皮膚隆線は、何のためにあるのでしょう？

「滑り止めでしょうか。」

それが1つです。私は経験したことはありませんが、岩石の研磨を頻繁にしている地質学者が、「指紋が消えてしまってものをつまむと滑る」と言っていました。それからもう1つ、触覚を鋭敏にする効果があります。指先でものに触ったとき、私たちの脳は圧力や振動、伸縮、滑り具合や温度などを感知して、その物体の表面の性質をモニターします。人の指先の感覚は非常に鋭いので、私たちも、微細形状を眼でなく触って確認することがありますよね。それに一役買っているのが皮膚隆線で、凹凸の中に触覚センサーが分布しているため、シグナルが増幅されるというのです。

さて、今度は足へいきましょう。先ほど挙げてもらったとおり、サルたちは足にも母指対向性があって、手と足はよく似ています。木をつかんで登るわけですから、これは考えてみれば当然のことです。その中で我々ヒトだけが、立ち上がるために足でものをつかむのをやめました。そのせいで足の指は全て短くなり、親指は他の指と並んで前方を向くようになりました。

ヒトはこのように前脚（腕）と後脚（脚）の役割を分けたのですが、結果的にそれが新しい可能性を開くことになります。手は歩行や木登りから解放され、ものの操作に特化するようになったため、抜群に器用になりました。サルたちはものをつかめるとは言っても、指で包み込むようにしっかり握ったり、指先で精緻につまんだりねじったりする行為はできず、もちろん紐を結んだり、ピアノを弾いたり、優雅に箸で食べたりもできません。一方で私たちの足は歩行に専念するようになったため、ものを操作する能力をほぼ失いました。

逆転で得た世界を色鮮やかにする力

動物たちは、食物や仲間を探したり、外敵から逃げたり、危険な場所を回避したりするために、外界を知覚する様々な能力を進化させています。代表的なものに視覚、聴覚、触覚、味覚、嗅覚の五感と呼ばれるものですが、コウモリやクジラのように、音波や超音波を発してその反響から周囲の物体を知覚する離れ業も存在します。動物の種によって、これらのどれを得意とするかが変わりますが、ヒトを含む霊長類で強化されている感覚って何だと思いますか？　先ほど、霊長類は触覚が発達しているという話をしたばかりですので、それ以外の感覚について考えましょう。

「視覚でしょうか。もしかしたら味覚もそうかもしれませんが、嗅覚と聴覚はあまり発達していない気がします。」

最近では、ヒトの嗅覚は意外に鋭敏だという研究が出てきていますが、ここでは視覚について話しましょう。私たちが視覚依存の生き物というか、画像や映像に強く反応することは、テレビやYouTube動画が流行ることや広告業の在り方を見ても、そうだと思えますね。私たちの視覚には、**ものを立体的に捉える能力**と、**色彩を見分ける能力**が備わっています。

立体視には眼がどこについているかが関係します。哺乳動物では、シカやウマのように2つの眼がそれぞれ横方向に向いて広い視野を確保するものから、霊長類やネコのように両方の眼が前方を向くものまで様々ですが、前向きだと左右の視野の重なりを利用して遠近感を鋭くすることができます。霊長類は樹間を跳躍したり、昆虫にとびかかって捕まえたりする行動が関係して、立体視が発達したものと考えられています。

後者の色覚は、霊長類においてちょっと複雑な変遷がありました。哺乳類が色を見分けられるのは、眼の網膜で機能するオプシンというタンパク質に、異なる吸収波長特性をもつ複数のタイプが存在しているからです。脊椎動物はもともと4タイプのオプシンを持っていました。しかし哺乳類へ進化したグループは、恐竜がいた中生代に夜行性の小型動物としてひっそりと暮らしていたため、その2つを失いました。夜行生活をしている限り鋭い色覚は不要で、嗅覚や聴覚の方が重要になるからです。だから恐竜から進化した鳥類に比べて、哺乳類は一般的に色彩感覚が鋭くありません。

霊長類もその状態からスタートしたわけですが、夜行性の原猿類から昼行性の真猿類が進化したときに色を見分けることのメリットが生じ、持っていた2タイプのオプシンの1つを新たに分化させて、3色型色覚を取り戻しました。私たちが視覚偏向性の生き物であるルーツは、ここにあると言えるでしょう。

では最後にもう1つ別の、ヒト特異的な点について話します。ヒトでは、真猿類が復活させた3色型の1つが欠損するなどの変異で赤~緑の色が区別しづらい、赤緑色盲と呼ばれる状態があります。その頻度は女性では0・2％ほどですが、男性では3~8％とかなり高いために、これは異常ではなく、進化の過程で何らかの意味があって生じた変異であろうと考えられています。その理由ははっきりわかっていませんが、今ではそうした方への必要な配慮として、色覚バリアフリーという考え方があります。もし知らなかったら、ぜひ調べてみてください。

歯と口と食物

歯や口にも、人間らしさとサルらしさと哺乳類らしさがあります。図2-7を見ながら

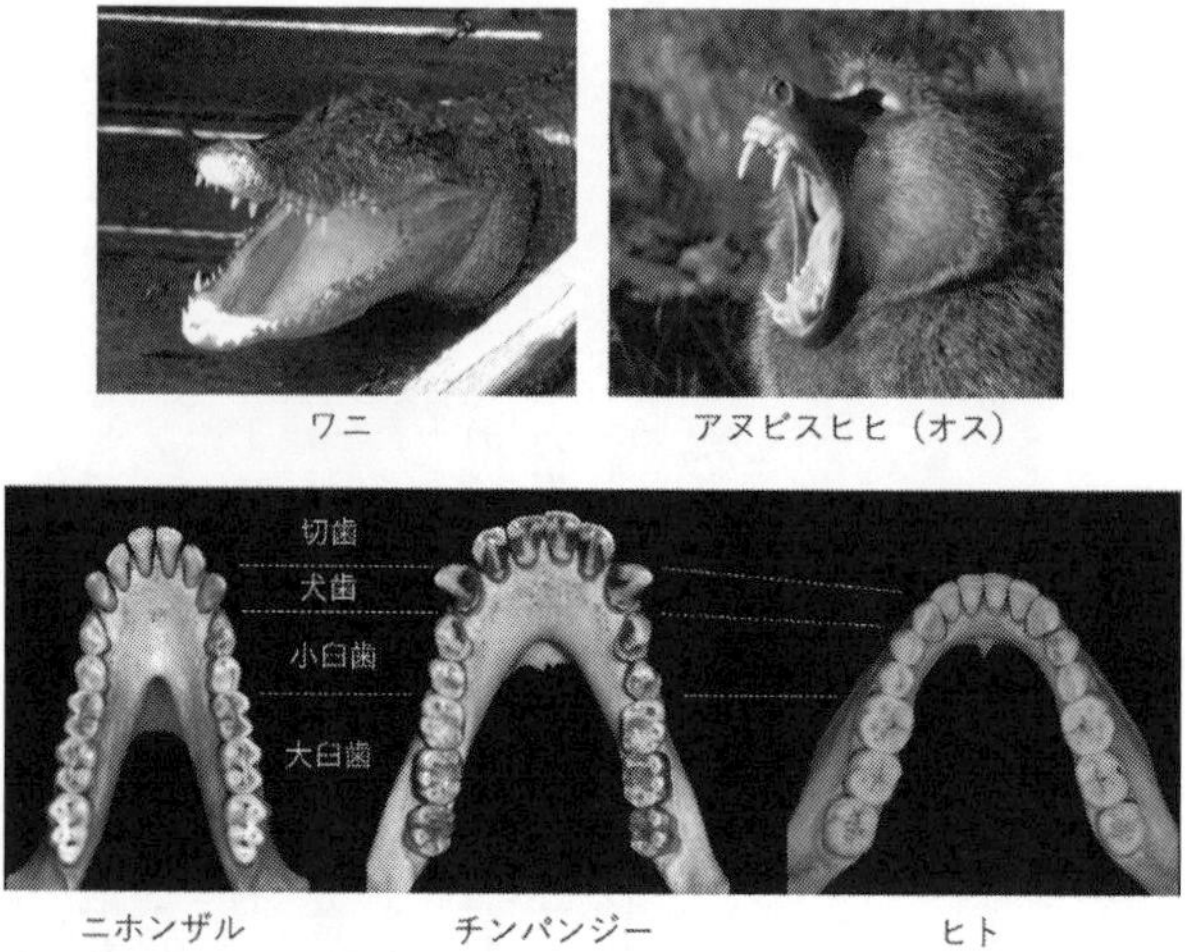

図2-7　上段）爬虫類と哺乳類の口と歯の比較。写真提供：松本晶子（ヒヒ）。
下段）霊長類の下顎の歯列（全てメスおよび女性）。

考えていきましょう。
哺乳類では切歯《せっし》、犬歯、小臼歯、大臼歯と歯列内で歯の形態が分化していて、これを**異形歯**《いけいし》と呼んでいます。サルの歯列にも、それが認められますね。一方の爬虫類や魚類では原則的にそのような分化がなく、歯列のどこの歯も似たような形状をしています。これを同形歯《どうけいし》といいます。では、哺乳類はなぜ異形歯性を発達させたと思いますか？

「食物を噛むからでしょうか？」

そうです。咀嚼《そしゃく》といいますが、哺乳類は歯を使って口の中で食物を破砕して、それから胃や腸に送って消化するということをはじめました。だから解剖学では口も消化器官の1つに数えます。しかし爬虫類は、ヘビを想像するとよいと思いますが、口で獲物を捕まえたら基本的にそのまま食道へと送ってしまいますよね。哺乳類は口で機械的に前処理をするわけですが、これは消化の効率をよくする画期的なやり方と言えます。

では哺乳類のもう1つの特徴をつかむために図2－7の上段で、口を開いたワニとヒヒを比べて欲しいのですが、ワニは奥歯までよく見えるのに対し、ヒヒはそうではないですね。これは何でそうなのでしょうか？

「……ヒヒには頬や唇があるからでしょうか？」

そうです。では哺乳動物にとって、そもそも頬は何のためにあるのでしょう？

「あ、そうか。咀嚼するときに食べ物がこぼれ落ちないようにするためだ。」

「赤ちゃんが母乳を飲むときにも必要になりそうです。」

頬が果たしている、意外に重要な役割がわかりましたね。

哺乳類と爬虫類では、歯の数や生え方も異なります。爬虫類の歯は多数で、一生のうちに何度か生え変わるし、成長して大きくなるにつれ顎の奥のスペースに新しい歯がどんどん追加されていきます。それに対して哺乳類は歯の数が一定数を超えることがなく、生え変わりも乳歯から永久歯への1回だけです。私たちが虫歯や歯周病で歯を失わないよう努力すべき理由は、ここにあることになります。

では次に図2－7の下段を見て、霊長類としての歯の特徴を調べましょう。最初に数ですが、ヒト、類人猿、旧世界ザルは共通していて、上下それぞれ、切歯2・犬歯1・小臼歯2・大臼歯3本です。ヒトの場合は《親知らず》と呼ばれる第3大臼歯などが欠如する場合がありますが、基本はこの本数です。胎盤をもつ哺乳類の祖先型である、切歯3・犬歯1・小臼歯4・大臼歯3本と比べると数が減っています。

それから歯のかたちですが、草をすり潰すように咀嚼するウマやゾウのような草食動物では、臼歯のすり減り（咬耗《こうもう》）が激しいため、臼歯を大きく作っておいて一生の使用に備えます。対照的にライオンやオオカミなどの食肉類は、肉を切り裂くために鋭い剪断力を備えた臼歯を進化させました。これらに比べて、果実や葉を主食としつつ、樹皮、花、種子、昆虫なども食す、雑食傾向の強い霊長類の歯は、極端な特殊化を示しません。ヒトや類人猿の臼歯は、食物を砕いてすり潰すために、複数の山と溝がある形状をしています。これと似た構造の臼歯は、やはり雑食傾向の強いブタやクマに見られます。
ではここから、ヒト独自の特徴について見ていきましょう。改めて図2－7を見て、どうでしょうか？

「サルには大きな牙があるのに、ヒトにはありません。」

サルたちでは雄雌を問わず、上下の犬歯が大きく鋭く発達しています。犬歯は外敵や仲間どうしで闘うときの大事な武器なので、決して退化してしまうことはなかったのですが、なぜか人類は進化の過程でそれを捨ててしまいました。人類はあまり闘わなくなったのか、あるいは闘うための別の手段を得たのか、これはまだ解けていない人類進化研究の大きな謎の1つです。
それから食事メニューも特徴的で、一言でいえばヒトはスーパー**雑食**動物です。私たちは多様な植物を食べますが、霊長類としては例を見ない肉好きで、さらに魚介類も好きときています。これほどバラエティーに富んだ食生活を送る動物は、他にいません。面白いことに、肉食動物のネコの舌には甘味を感じる受容体がありませんが、霊長類のヒトはしっかり持っています。私たちは雑食であるからこそ、いろんな味を楽しむことができるのでしょうね。

さらにもう2つほど、ヒトの食事行動には、他の動物では見られないとてもユニークな側面があるのですが、何だと思いますか？

「……」

それは私たちが、食べ物を積極的に仲間と分け合うことと、食事を仲間と楽しむ社交の場にしていることです。サルたちは、自分が得た食物は分けないのが基本です。親が子に食物を与えることもあまりしないし、チンパンジーでもオトナどうしが食物を分けるのは、自分が食べきれない場合に相手から乞われれば渡すというくらいで、しかもその相手も群れの中の同盟関係にある個体を選んでいるようです。

一方で、私たち人間にとってはテーブルを囲んで家族や仲間と一緒に食事するのって、最高の一時ですよね。でもごちそうが並んだ円卓にサルが着席したらどうなるかを想像してみてください――まあたいへんなことになります。人間の食事は、単なる摂食以上の大きな意味を持つものになっているわけです。

霊長類の脳と社会性

動物園でサル山へ行くと、個体どうしが追っかけまわしたり、吠えたり、じゃれ合ったりと、見ていて飽きないですよね。シマウマやスイギュウの群れを見ているより、サル山の方が断然面白いでしょう。そうである理由は、一般にサルたちは社会性が強く、群れ内の個体間には順位があって、それぞれの立場に応じた交流や駆け引きを頻繁にしているからです。霊長類学者のフランス・ドゥ・ヴァールは、「政治の根は人間性より古い」と言ったのですが、それはチンパンジーも相手の様子をうかがって政治的駆け引きをするからでした。

「どんな駆け引きがあったんですか？」

チンパンジーの群れ内で順位が1位と2位のオスが緊張関係にあったとき、3位のオスがどっちの味方をするかによって形勢が変わりますが、その状況を利用して3位のオスがうまく立ち振る舞って自由にメスと交尾したとか、あるオスが、ボスの地位を争っている別のオスに対して、「自信のなさ」の表出である歯をむき出す仕草を見られないようごまかしたとか、そんな例が報告されています。なかなかのものですよね。

では何がそのような社会性を可能にしているかですが、体重が同程度の種で比べると、霊長類の脳は他の哺乳類に比べて大きい傾向があることがわかっています。ですから、霊長類の発達した脳が、その高い社会性を可能にしていると考えられます。逆にそのような脳進化が生じた主因の1つは、このような社会関係を磨くためだったというのが、最有力の仮説です。それを**社会脳仮説**と呼んでいますが、要は霊長類において、知性と社会は関連し合いながら発達しただろうということですね。

ではサルたちは、どんな群れをつくるのでしょうか？ 面白いことに、そのパターンは幾通りも観察されています。例えばニホンザルは、ボスから下っ端まで順位がある複雄複雌群（複数のオトナオスと複数のオトナメスが同居する群れ）を構成しますが、それは母系社会で、生まれたメスはそこに居残りオスが他の群れへ移籍します。チンパンジーとボノボも複雄複雌群をつくりますが、ニホンザルとは異なって父系です。原猿類のワオキツネザルも複雄複雌群の群れをつくりますが、メスがオスより体が大きくかつ優位という点が少し変わっています。

これと違って、ゴリラは1頭のオトナオスが複数のオトナメスを従えるハーレム（単雄複雌群）と呼ばれる構造をとります。ヒヒの仲間では、そのようなハーレムが複数合体した、重層的で大きな群れが形成されるものがいます。さらにテナガザルは1頭のオスと1頭のメスがペアを組み、オランウータンはペアすらつくらず単独行動を好みます。

このように霊長類は、知性と社会性を高めたグループで、その社会形態は種によって実に多様です。ヒトはその霊長類の出身であったからこそ、秀でた知性と社会性を身につけられたと考えられそうですね。ではこの先しばらく、コミュニケーションと社会性を中心に、ヒトの特徴を見ていきましょう。

ことばの力と起源

社会性が強いサルたちは、群れの仲間どうしでの様々な挨拶やらコミュニケーションの方法を発達させています。チンパンジーは抱き合ったりキスしたりもしますし、ゴリラ研究者の山極寿一によれば、人間の研究者がゴリラの群れを追ってその行動観察をしようとする場合、ちゃんとゴリラ式の挨拶をして許しを請うのが鉄則だそうです。サルや類人猿は、そんなふうに個体間交渉をする社会性豊かな生き物ですが、ヒトにはさらにパワフルなコミュニケーション法として、ことば（言語）があります。

私たちは複雑な状況やもつれた気持ちを、ことばで表そうとしますよね。ことばがあれば相手の真意を聞き出せるし、よい情報を共有できるし、さらにことばそのものに感動したり、励まされたり、傷つけられたりすることもある。少し考えるだけで、私たちがいかにことばに依存した毎日を過ごしているかがわかります。

このような言語は、単語が文法と呼ばれる規則によって並べ替えられることによって生成されます。ここで個々の単語には元来の意味はなく、ヒトによって意味づけされたものであることに注意してください。《ネコ》にも《cat》にも、その音には本来の意味はありませんが、私たちがそれは何を意味するとルール付けしているわけです。

これと似た例として、アフリカにいるベルベットモンキーの警戒音があります。それは樹上からとびかかるヒョウ、空から襲ってくるワシ、地上を這うヘビに対して、群れの中で危険に気づいた個体が、それぞれに対応した異なる鳴き声を出して仲間の注意を引かせるものです。これが単語と言えるのかは議論のあるところですが、仮にそう言えてもベルベットモンキーはそうした単語を増やしていくことはなく、それらを文法規則によって言語化するには至っていません。対照的にヒトは新たな単語を創り、言い回しを工夫し、言語をどんどん豊かにしていきます。こうした言語力は、当然ながら発達した知能に支えられています。

ただし、このような言語を操るには知能だけでなく、別の解剖学的特質が必要なのですが、それは何だと思いますか?

「……」

それは多彩な発声ができる、喉の構造です。日本語なら、あいうえお。英語ならABCDですが、サルたちには真似できないですよね。しゃべるときって、身体のどこを使ってますか?

「口の開け閉めと、唇と……舌も動かしてます。」

私たちの多彩な声は、口から吐く息に様々な振動特性を与えることで生み出されます。具体的には、声帯の動きで吐く息に振動を与え、それが喉の奥から口の中の空間を通過する際に喉元(喉頭)や舌や歯の空隙や口元などのかたちを変え、様々に共鳴させることに

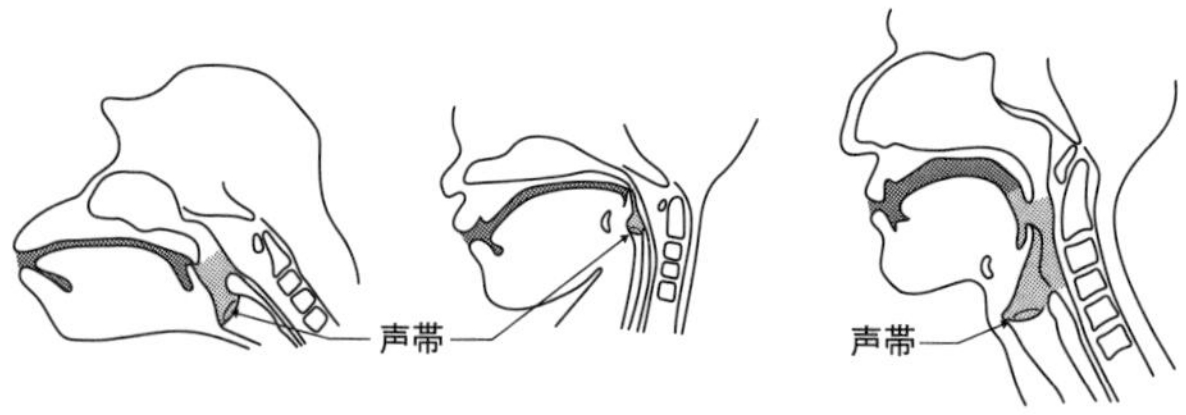

図 2-8　発声に関わる解剖学的構造の比較。図の提供：西村剛。

より、多彩な音が生まれます。図2－8を見ると、ヒトの大人では声帯の上の喉の部分と口に、共鳴装置としての広い空間が2つあることがわかりますね。これを二共鳴管構造といいますが、ヒトではこの構造に加えて、喉頭の筋を自在に動かせる神経回路があるため、とても豊かな発声ができます。一方のサルたちではこの神経回路がなく、二共鳴管構造も発達していないため、音声レパートリーが限られます。

面白いことにヒトの赤ん坊は、喉の構造がサルと似ていてますよね。そのため赤ちゃんは単調な発声しかできませんが、やがて成長とともに声帯が降下して大人のかたちに変化します。このような変化を可能にしたのは、もちろん直立姿勢です。直立して喉の構造が変化したことが、偶然にもヒトの豊かな発声機能を実現させたわけです。

表情と視線

サルたちは怒ったり、恐れたり、リラックスしたり、時に笑顔を見せたり、なかなか感情豊かで、それは表情に現れます。表情をつくるのは、顔の皮下に配置された小さな表情筋（顔面筋）です。爬虫類や両生類はこうした筋を持たないので、私たちが表情豊かなトカゲやカエルに出会うことはありません。霊長類の中でも、夜行性や単独行動の傾向が強い原始的なグループは、仲間どうしが視覚でコミュニケーションする必要が薄いので、表情はあまり発達していないようです。しかし群れをつくり、個体間コミュニケーションが活発な種になると、表情が俄然意味を持ってきます。

というわけでニホンザルやチンパンジーは、結構いろいろな表情を見せます。しかしヒトはそこからさらに進み、顔面筋を発達させ、顔の肌を露出させて、表情によるコミュニケーションを強化しています。さらにヒトは実際の感情と異なる表情をつくる演技ができますが、サルたちにはそれが難しいようです。

視線でアイコンタクトするのも、ヒトの特徴です。見つめることは、サルたちの間でも何らかのメッセージで、例えばゴリラが相手の顔をまじまじと覗き込むのはその相手との交流をはかるためで、ニホンザルが視線をぶつけるのは攻撃的な意味合いがあるそうです。しかし私たちはそんなあからさまなやり方ではなく、一瞬の目くばせでメッセージを送れます。

ヒトがアイコンタクトできる理由は、眼球の白目の中で動く黒目の位置によって視線がすぐわかるからです。ところがサルたちは、ヒトの白目の部分（強膜）に色素を含ませているので、どこを見ているのかよくわかりません。それは仲間に自分の視線を悟られたくないからだと言われています。

肥大した社会

ヒトが特別なコミュニケーション能力を持っていることを見てきましたが、社会についてはどうでしょうか？

多くの人間社会では家族が生活の基本単位ですが、私たちはふつう核家族か、親族が寄り合った大家族で、1つの家をつくりますよね。そんな家がさらに集まって地域共同体ができますが、そのあり方は歴史を通じて大きく変わってきました。政治的リーダーのいる首長社会や国家では、互いを知らないかせいぜい顔見知りくらいの人々が同じ区域に多数集まり、大規模村落や都市が形成されます。それ以前の狩猟採集社会や初期農耕社会では、共同体の規模はもっと小さく、全員がお互いをよく知っているような関係にあったと考えられます。

これに関係して、イギリスの人類学者ロビン・ダンバーが行った研究が注目されています。彼は38属の霊長類を比較して、脳の大きさ（厳密には新皮質が脳に占める割合）が大きい属ほど、群れのサイズが大きい傾向があることを発見しました。ダンバーによれば、これはある個体が把握できる個体数を示しています。サルたちは、自分は個体Aよりも順位が下だけどBよりは上というふうに、群れの中のメンバー全員を把握し、互いの立場にあった社会交渉をします。しかし一個体がそのように認知できる個体数は無制限ではなく、知能に依存します。このように、脳サイズから予測される安定的な社会関係を維持できる群れサイズの理論的な上限をダンバー数と呼んでいて、それはチンパンジーで45頭ですが、ヒトでは150人だというのです。

つまり人間にとって全員を把握できるような群れサイズの上限は150人、ということになります。ダンバーによれば、この数字は近現代の狩猟採集社会や推定される初期農耕社会の共同体サイズとほぼ一致するそうです。

しかし一方で、私たち現代人は恐ろしく巨大な集団をつくりますよね。日本人というまとまりは1億2500万人いて、仏教の信者は世界に4億人いるというように。そうした集団では、構成員が互いを知らなくてもみな「私は日本人」という自覚を持ってまとまっています。こんな現象は、他の動物では見られません。イワシの大群は意識で団結しているわけではないし、「自分は日本人でありかつ仏教信者」のように属性を分けることもできません。

イスラエルの歴史学者のユヴァル・ノア・ハラリは、このようにヒトが巨大社会を創ることに注目し、「それはホモ・サピエンスに虚構を創る能力があるからだ」と論じました。日本という国も仏教という宗教も、もともと自然界にあったものでなく、一部の人間が創り出した概念です。ハラリはそれを「虚構」と呼び、ホモ・サピエンスにはそうした虚構を創り信じる特殊な能力（平たく言えば**想像力**あるいは妄想力です）があって、それゆえ巨大な社会や組織を構築できると主張したんですね。人間が想像力で大きな団結を生み出すというのは、確かにその通りですし、そうできることが、ホモ・サピエンスに底知れぬパワーを与えているように思われます。

平等と自由と絶望と生きがい

国際連合のホームページには、「所得、地域、ジェンダー、年齢、民族、障害、性的指向、階級、宗教を原因とし、アクセスや機会、結果を決定づけてしまう不平等は、国家間でも各国の内部でも、根強く残っています。……」とあります（2021年12月現在）。これは不平等から逃れられない人間社会の現状を示すとともに、平等を希求する多くの人々の心の表出と言えるでしょう。では、平等と不平等のどちらが人間の本性なのでしょうか？

「人間は本来、自由で平等」という考えは、ルソーらに代表される18〜19世紀ヨーロッパの啓蒙思想やアメリカ独立宣言にも表れていますし、福沢諭吉も「天は人の上に人を造らず、人の下に人を造らず」との名言を書き残しました。しかし私たちと近縁な霊長類を観察すると、違う現実が見えてきます。

霊長類の群れには、ボスを筆頭にした序列が存在します。順位が低い個体は目前にエサがあっても高い個体がそばにいれば手を出さないし、順位が上のオスは下のオスの交尾を邪魔しますので、これは明らかな不平等です。理不尽に思えますが、サルたちにとっては順位があるからこそ、エサや異性をめぐる争いが減る側面があると、霊長類学者は指摘します。つまり「群れに秩序をもたらし存続させるための不平等」ということらしいのです。いずれにせよこの事実は、何百万年か前の人類社会の祖先状態は、順位のある不平等であったことを物語っています。

しかし歴史記録のある近現代の人間社会において、構成員が全員順位づけされているような共同体は知られていません。それどころかアフリカやアジアの狩猟採集社会では、リーダーと呼ばれる人に特別な権威や命令権はなく、狩りで活躍した人はあえて称賛されず、狩りの獲物は全員に平等に分けられるなど、社会経済の両面で不平等が生まれる芽を摘んでいく仕組みが存在することがわかりました。つまり集団内の平等を求め、個人を尊重しようとする心は、人間らしさの一部であると言えます。ただしそうした心がありながら、物質的豊かさが増して蓄財が起こるようになると人間社会の中には階級が生じ、権力者や支配階層が現れ、社会と経済の両面で平等と自由が脅かされるようになりました。その後の歴史は、皆さん知っての通りです。

それから興味深いことに、私たち人間は将来を悲観して絶望することがありますが、チンパンジーの知性についての研究で有名な松沢哲郎によれば、チンパンジーはたとえ全身不随のような過酷な状態におかれても絶望することがないそうです。それはチンパンジーが将来を想像することがなく「今ここの世界に生きている」からで、逆に言えば私たち人間は、未来を想像する力があるからこそ、絶望やその逆の希望を抱くわけですね。

生きがいを求めるというのも同様です。これは20世紀後半から、経済成長を達成した日本で頻繁に語られるようになった概念で、今では国際的にもikigaiとして注目を集めているそうです。このように生きる目的を考えるというのは、優れた想像力を有する動物だけがすることと考えられます。

このように私たちは、不平等などの理不尽を知覚するからこそ、現実のジレンマに悩んだり、希望が見えればときめきを感じたりします。悩ましいのは苦しいことでもありますが、不平等や過酷な状況を知覚しないで悩まずに生きる動物でありたいか、理解して悩みを抱える人間でありたいかは、意見の分かれるところかもしれません。

生まれてからオトナになるまで

では最後に、私たちの成長の不思議な面について考えましょう。霊長類は、1頭の母親が少数の子を産み、赤ちゃんはある程度自立した状態で生まれ、子はゆっくり成長し、総じて長生きします。子だくさん（多産）でないのは母親の妊娠期間が長く（チンパンジーなら約240日）、一度に生まれる子がふつう1頭で、子が離乳するまで次の子を妊娠しない、つまり出産間隔が長い（チンパンジーなら5～6年）からです。霊長類はこうして、少数の子を大事に育てるやり方をとっています。

巣穴でなく野外で子育てする哺乳動物は、自分で動けるくらいの自立した状態の赤ちゃんを産むのがふつうなので、この点においてサルたちは特別ではありません。しかし霊長類の成長が遅いというのは、かなり特異です。多くの哺乳動物では死亡リスクの高い幼少期を短縮するよう成長スピードを上げていて、例えば大型のイヌも2年でオトナになります。ところがチンパンジーは離乳までに約4年、全ての歯が生え揃ってオトナになるのに11～12年ほどもかかります。霊長類のゆっくりした成長は、脳が大きいこととも関連しているようですが、ともあれそういう進化が可能だったのは、樹上という危険の少ない空間を生活の場としているからでしょう。この遅い成長と呼応するかのように、霊長類は長生きで、例としてチンパンジーは50歳くらいまで生きることができます。

ところが、それぞれの子を大事に育てるこの育児戦略が、今、類人猿にとって厳しい状況を生んでいます。それは何だと思いますか？

「……絶滅しやすい、ということでしょうか？　出生率が低いということは、個体数が減ったときに回復しにくいと思います。」

その通りです。類人猿が暮らせる森が縮小していく中、たいへん残念なことに、今まで有効だった成長パターンが逆に作用するようになっています。一方で、私たち人間が成長過程で多くを学んで人間らしさを磨けるのは、一人一人を大切にする霊長類的成長戦略のおかげですよね。ではここで新たな謎ですが、ヒトの親は、離乳どころか成人するまで子の面倒をみます。つまり子供への投資をさらに増やしているわけですが、ヒトはそうしながら人口を激増させました。育児負担を増しながら子だくさんというのは一見矛盾していますが、それができた要因は何だと思いますか？

「……離乳食でしょうか？　サルは子が離乳するまで次の妊娠をしないとのことでしたから、離乳食は出産間隔を短くすると思います。」

「共同保育というか、子の面倒をみる人が増えたからではないでしょうか？　人間社会では母親だけが育児をしているわけではないと思います。」

どちらも正解です！　現代人の伝統社会における授乳期間は2年くらいと言われていますので、チンパンジーの半分です。母乳には免疫や健康上の効果などがあって赤ちゃんに必要なものですが、それに完全依存するのと離乳食があるのとでは、母親の負担が全く変わりますよね。ヒトの母親は、初産の年齢がチンパンジーの14歳に比べて19歳頃と高く、出産が可能な期間はその分短いのですが、それでも授乳期間が短縮された分、チンパンジーよりも潜在的に多数の子を残せることになります。

それから母親の負担をさらに軽減し、生まれた子の生存率を上げるのが、周囲のサポートということになります。父親の育児貢献というのは、子の運搬などをするだけではなく、食料調達や外敵からの防御なども含みます。乱婚のチンパンジーやニホンザルでは、オスにとって群れ内のどの子が自分の子かわからないため、父親としてのサポートが進化しにくいといわれています。一方で、つがいを作るテナガザルやタマリンというサルでは、父親の育児協力が見られます。

私たち人間の社会では、兄や姉も幼子の面倒をみますし、祖父母の貢献もありますし、場合によってはもう少し遠い親類や、単発的なら血縁のないご近所さんの手助けもあり得ますよね。実はヒトは70歳から最大１２０歳くらいまで生きるたいへん長寿な生き物で、それは生殖能力をなくした老後の人生、つまり20年以上にわたる老年期が付け加わったことによります。チンパンジーには存在しない**老年期**がヒトで進化した理由として有力視されるのは、「おばあさん仮説」です。経験豊かな祖母がいて、娘に、イモなどの根茎類やナッツのように見つけて処理するのにコツが必要だけど栄養価の高い食料を届けてくれたとしたら、大助かりで育児効率が上がりますよね。老年期は、人類史の中でこうしたメリットが生じたために進化したと考えられています。

そんなふうに周囲に支えられながら育っていく私たちですが、その成長過程には、ほかにも不思議な面があります。まず、ヒトの妊娠期間は280日ほどで、意外にもチンパンジーの240日と大差ありません。さらにヒトの新生児は泣いてじたばたする程度で、立ったり座ったりはおろか、寝返りも打てないほど未熟です。このようにヒトの妊娠期間が理論的予測より短く、新生児がたいへん未熟であることの裏には、人類が脳を巨大化させるために成したとんでもない進化がありました。この謎の解説は、後ほど人類進化の話題の中で紹介したいと思います。

それから、離乳後に長い**子供期**があり、その後、性成熟が進む（第二次性徴）とともに身長が急に伸びる**思春期**が明確に存在することも、ヒトに特徴的と言われています。誰の記憶にもあると思いますが、体格がグンと大人に近づき、多感になってくる、（第二）反抗期とも呼ばれるあの時期のことです。

まとめ　泣き、笑い、恋愛し、思いやるのも人間らしさ

人間らしさの様々な側面を見てきました。まだ序盤ですからこれで全てではないですが、ここまでに出てきた話題をまとめましょう。

〈第1・2章のまとめ〉

霊長類（特に真猿類）の特徴

現生種は約350〜500種、熱帯から亜熱帯の森林地帯が主な生息地、四肢の関節可動性が高い、平爪のある5本指の手足で把握する、触覚が優れる、立体視と色彩視が可能、植物を主食とする雑食、歯は極端な特殊化を示さない、犬歯が大きく鋭い、体重に比して脳が大きい、多様な群れ社会を形成、個体間のコミュニケーションが活

発、表情は比較的豊か、群れ内には序列があり不平等、将来を展望せずに今を生きる、ゆっくり成長する、少産（特に大型類人猿）、比較的長生き。

ヒト独自の特徴

現生種は1種、地球全体に分布、個体数が多い、他の生物を圧倒し自然環境にも大きな影響力を持つ、直立二足歩行とそれに付随する骨格形態の改変、発汗機能の強化と素肌の露出、手が器用、足の把握性喪失、犬歯が退化、極端な雑食性、食事を楽しむ、言語、豊かな表情を自分でつくれる、視線が明らか（コミュニケーションに積極利用）、脳サイズからの予測を上回る巨大社会をつくる（想像性が豊か）、平等と自由を希求、未来を展望して希望や絶望や生きがいを感じる、子の成長期間はさらに長く親が世話する期間も長い、離乳食や周囲のサポートで出産間隔を狭めて人口を増やした、赤ちゃんは未熟な状態で生まれる、長い子供期や明確な思春期がある。

このほか、哺乳動物の一般特徴についても触れました（異形歯性、頰、嚙んで食べることなど）。こうした作業を続けていけば、もっと多くのヒトの特性を発見できます。例えば涙を流して泣いたり、冗談を言って笑ったりするのは、ヒトだけです。血縁もない他人に関心を持つことや、他人を助けようとする心、他人に認められたいと思う心なども、人間らしさの一部と言われてます。さらに共同体の中で、特定の誰かに対する強い恋愛感情を抱くというのも、私たちに特有の現象だそうです。

まだ他にも興味深いことがたくさんあるのですが、本書の後半でも紹介していきますし、その他は巻末に挙げた参考文献に譲ることにしましょう。日本には京都大学を中心とした霊長類研究の長い歴史があるので、読み応えのある本がたくさん出ています。

ここでは先に進めることにしますが、次に学ぶべきは、「生物の進化とは何か」です。それは人間らしさが７００万年の人類進化史の中でどう形成されたかを理解する上で、どうしても必要な知識となります。

第3章

進化はどのように起こるか

どのような変化が進化なのか

ここでは人類進化を理解するためにどうしても知っておかなければならない、根本原理を説明します。では最初に、以下のクイズに答えてください。

問1　傍線の用語の用い方は正しいでしょうか？

①　戦後から現在に至るまでに日本人は進化し、平均身長が伸びた。

②　日本人の視力は近年低下傾向にあり、退化していることがわかる。

③　縄文時代以降、日本人の顎骨には退化が生じ、華奢になってきている。

これらの変化は実際に起こっていることですが、それを進化あるいは退化と呼んでよいかという問題です。私の講義の経験上、①と②は「正しくない」という回答が多く、それが正解です。③は意見が半々に分かれます。これについては少し説明が必要になりますが、「正しくない」が正解と考えるべきです。このように判断する理由を理解するため、もう1つ考えましょう。

問２　進化と呼べる変化と呼べない変化の違いは何か？

「時間が問題である気がします。50年くらいの変化は、進化と言わないのではないでしょうか？」

「適応が関係しているのが進化かなと思いました。」

実は、時間や適応は進化と関連が深いのですが、必須要素ではありません。例えばウィルスは短時間で進化します。それから後で例を示しますが、適応的でない中立的な進化というのも存在します。進化の定義はもっと単純明快で、それを示す大事なキーワードがあるんですが、わかる人はいますか？

「親から子に伝わるものということでしょうか？」

その伝わるってこと、何て言うんでしょう？

「遺伝だと思います。ああ、遺伝子ですか⁉」

それです。生物の進化とは、遺伝子が変化することなのです。戦後の平均身長の伸びも視力の低下も、遺伝子が変わったから生じたものではなく、栄養や生活習慣などの環境変化によるものと考えられますので、これらは進化でも退化でもありません。もう少し厳密にいうと、生物の進化は次の現象を指します。

――進化とは集団の遺伝子構成が変化すること。

ここでもう1つキーワードが出てきました。**集団**です。これは、生物進化はあくまでも集団、つまり生物群のレベルで考えるものだということです。集団内の1個体に変化が起きたとしても、それが集団の様態に影響するものでなければ、進化とはいいません。

では次のステップで、生物集団の中で実際にどのような仕組みで進化が起こるのかを見ていきます。最初に理解して欲しいキーワードは、自然淘汰(選択)と突然変異です。

突然変異と自然淘汰から起こる適応的進化

進化に集団の概念を持ち込んだのは、チャールズ・ダーウィン（1809－1882年）でした。ダーウィンはどの生物種も全個体が同じではなく、多少の個体差を示すこと、つまり集団内の多様性（あるいは**変異**）に注目したんですね。そうした個性を持つ個体群の中で、ある個体がその生息環境により適応的な性質を持っていたとすると、その個体が他の個体より多く子孫を残すようになるはずです。ダーウィンは、このメカニズムで集団内の個性のあり方が変化して進化が起こると考え、それを**自然淘汰**（あるいは**自然選択**）と呼びました。

自然淘汰のわかりやすい実例としてよく紹介されるのが、オオシモフリエダジャクという北方系の蛾の、工業暗化と呼ばれる現象です。この蛾には種内の個体変異として、白っぽい淡色型と黒っぽい褐色型がいます。産業革命以前のヨーロッパでは淡色型が多かったのですが、それは淡色のコケが繁茂する北の自然の中で目立ちにくく、鳥の捕食を逃れて生き残る確率が高いからでした。ところが19世紀後半のイギリスなどで、工業化に伴って煤煙がまき散らされ、コケが減り森の木が黒ずむようになると、淡色型が減って褐色型が増えたというんですね。周囲の環境変化によって立場が逆転し、褐色型が増える方向に自然淘汰が働いたというわけです。

目立ちたがり屋の人間と違い、ひっそり生きようとする蛾の生存戦略も興味深いですが、同時にこの例は、「進化は前進ばかりではない」という現実を示してもいます。体色がどちらの方向に進化するかを決めるのはその場の環境で、結果的にどっちに向いても進化は進化であるということです。

さて、自然淘汰の有効性はこうした事例から確かめられますが、ダーウィン自身も自覚していたように、これだけでは実際の進化を説明し切れていません。自然淘汰理論だけでは進化のメカニズムとしてはまだ大きな欠陥があるのですが、それは何だかわかりますか?

「自然淘汰は現状変更でしかないというか、新種とかの出現を説明できない気がします。」

そうです。自然淘汰だけでは、これまで存在しなかった新しい形質がどう生まれるかを説明できません。それともう1つ、「自然淘汰が起こるなら、なぜ集団内に個体変異が存在し続けるのか」といった反論もありました。ダーウィンは1882年にこの世を去るまで、こうした自説の欠陥に悩み続けました。実は問題解決の鍵となる《遺伝の法則》は、1866年に、現在のチェコにいた修道士メンデルによって発表されていたのですが、不幸にしてこの発見は当時広く知られていませんでした。学界がメンデルの偉大な発見に気づいたのはダーウィンの死後の1900年で、そこから遺伝子の存在と、遺伝子の**突然変異**という考え方が生まれ、ようやく道が開けていったのです。

親から子には、身体をつくる設計図が遺伝情報（**ゲノム**）として受け渡されます。ゲノムを構成しているのがDNAという鎖状の物質で、その中の個々の機能単位が**遺伝子**だと思ってください。ヒトには約2万1000個の遺伝子があり、その設計図に従って身体がつくられていくため、ホモ・サピエンスの子はホモ・サピエンスとなるし、親と子は似ることになります。

この遺伝子は偶然の作用で変化することがあり、それを突然変異といいますが、これが新たな形質を生む源になるわけです。20世紀前半に集団遺伝学がはじまり、そうした遺伝子のふるまいについての研究が進んで、やがて突然変異と自然淘汰を組み合わせた現代的な理論である**進化の総合説**が生まれました。

その概念を示した図3－1について説明しましょう。まず、変異（多様性）を示す個体群があります。その誰かに突然変異が生じて、これまでになかった新しい形質が集団中に

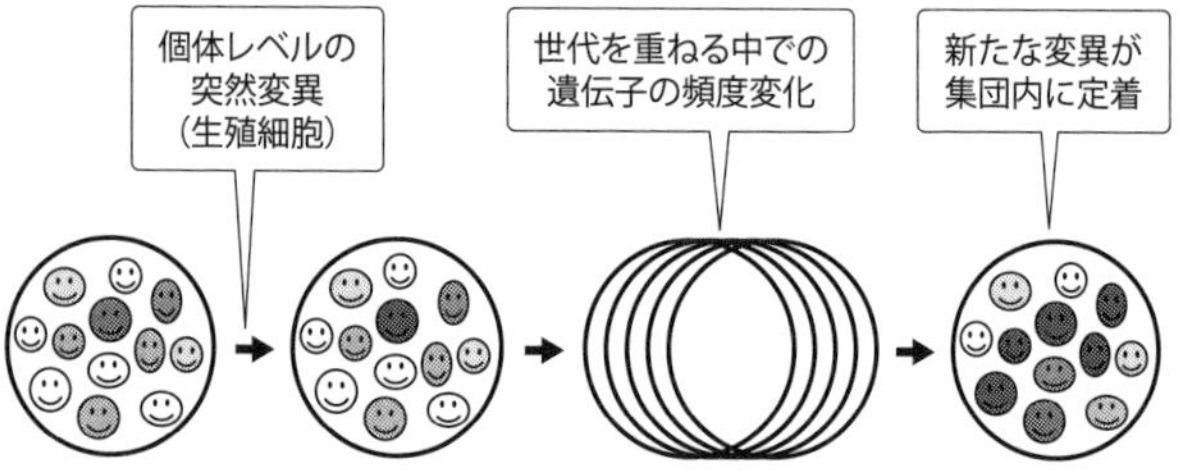

図 3-1　進化の総合説に基づく生物進化の基本メカニズム。

出現します。この図では色が濃い個体が誕生した設定になっていますが、生物進化の歴史においては、それが例えば5億年前頃に出現した眼であったり、4億年前頃に魚類の仲間が陸上へ進出することを可能にした肺であったりするわけです。

その後に世代を重ねる中で、この新しい形質を持つ個体の子孫（厳密にはその形質を生み出す遺伝子のコピー）が集団内で増え、一定頻度以上となったときに、「新たな変異が集団内に生まれて進化が起こった」となります。自然淘汰は、この後半のプロセスで働く主因子の1つです。

ここで、いくつか注意点があります。まず、突然変異が新たな形質を生むと言いましたが、それは子孫へと受け継がれる変化でなくてはなりません。例えば皆さんの皮膚細胞の遺伝子が変化しても、それは皆さんの子孫に影響しないので、進化にはつながりません。つまり図3－1の突然変異は、生殖細胞に生じていることが条件となります。

ところで突然変異って、どうやって起こりますか？　これは遺伝情報が書かれているDNAが細胞の中で複製されるときのエラーや、紫外線などの外的要因でDNAが傷ついたりする事故によって起こるので、つまるところ意図して制御できません。どんな突然変異がいつ起こるかは、祈ったり努力したりして達成されるものではなく、全くの運任せということです。しかもそれが生殖細胞に起こらなくては意味がなく、多数作られる生殖細胞のどれが子孫の誕生に寄与するかも結果を見ないとわかりません。さらに、突然変異はそれまで機能していた遺伝子をランダムに変えるのですから、その多くは有害でしょう。そんな中で生まれた、たまたま有益な変化が、もしかしたら進化の網に引っかかって体現するかもしれない、とそんな確率論的な話なのです。

このように**生物進化の第一ステップが偶然に左右される**という事実は、進化の本質を理解する上で極めて重要なので、あえて強調しておきます。過去においては、「生物の体内には、ある方向への進化を引き起こす内的な力が秘められている」と考える定向進化説が影響力を持っていて、今でもそのような誤解が絶えませんが、そうした神秘的メカニズムは存在しません。

それでも遺伝子の突然変異の中には、一部有用なものがあると期待され、それが自然淘汰による選別を受けることによって、生命は様々に機能を向上させてきました。図3－1に示す進化の仕組みはとても単純ですが、多種多様な生命体で溢れる今の地球を創り出したのは、このシンプルなメカニズムなのです。

便乗や異性をめぐって起こる進化

図3－1は、淘汰のターゲットとなった適応的な遺伝子が集団の中で増えて進化することを説明しています。しかし現実の自然淘汰にはもう少し複雑な側面があり、以下に示すように、有用ではない遺伝子が〝便乗〟して進化したり、ある特徴が極度に発達したりすることがあります。

例えば遺伝子αが淘汰を受けて集団中で増えるとします。するとDNA上でαのそばに配置されている別の遺伝子βも、同時に広まる可能性が出てきます（この詳しい仕組みに興味がある人は、DNAの組み換え、ハプロタイプ、連鎖不平衡といったキーワードを調べてみてください）。つまりβは特に有用でなくても大きな害さえなければ、αにかかった自然淘汰に便乗するかたちで選択されてしまうのです。

それから、個々の遺伝子の機能は必ずしも1つではありません。例えば琉球大学の木村亮介は、ＥＤＡＲという遺伝子の変異が、シャベル型切歯と呼ばれるアジア人に多い歯の特徴（切歯の裏面がくぼむ形態）を生じていることを示しました。しかしこの遺伝子は歯だけでなく、毛髪、爪、汗腺などの形成や、顔のかたちにも影響することがわかっています。従ってそのどれかに淘汰圧がかかれば、他の体質も連動して進化することになります。

このように、進化する形質の全てが有用というわけではありません。地球上の生き物たちは実に巧妙に進化してきていますが、全てが合理的ではないし、無駄や余計な進化といったものも生じています。それは遺伝の仕組みがこうした不合理を許すものだからなのですが、人間の社会や文化と違って、生物はこの仕組みを変更できません。従って、これらはある意味「防げない無駄」と言えるでしょう。

それからダーウィンが考えていた自然淘汰のもう1つのあり方に、**性淘汰**（**性選択**）というものがあります。例えばアジアに棲息するキジ科のクジャクは、オスがカラフルな文様つきの派手で大きな羽を持っていて、それを扇のように開いてメスを誘うことが知られています。このオスの羽は飛行の邪魔で無駄な飾りにも見えますが、仮に立派な羽がそのオス個体の健全性など生存上の利点の表出であったなら、メスはそのサインを読み取って、そのようなオスを好む性向を進化させるでしょう。性淘汰の別の形態としては、オスどうしが闘ってメスとの交流権を確保する同性間淘汰があり、シカのオスが立派な角を発達させたことはその好例です。このように異性をめぐる争いを通じて、過剰な形質が進化することがあります。

このように生物は無駄あるいは過剰な形質を進化させることがありますが、何はともあれ、不合理性もあるこの仕組みによって、現在の地球上の多種多様な生命が生まれてきました。そもそも「無駄」とか「不合理」というのは人間がつくった価値観にすぎませんので、そうした観念に捉われず、自然界における進化の仕組みと、その一産物である人間を素直に理解することが、私たちにとって有用であると思います。

偶然が起こす遺伝的浮動

図3－1のもう1つの注意点ですが、「世代を重ねる中での遺伝子の頻度変化」には、自然淘汰とは別の作用も働いていることが、20世紀後半に入ってから明らかになってきました。それは**遺伝的浮動**と呼ばれるものです。浮動とは一か所に留まらず漂うという意味ですが、自然淘汰が個体間の適応度の差に働くのに対し、遺伝的浮動は偶然の結果として

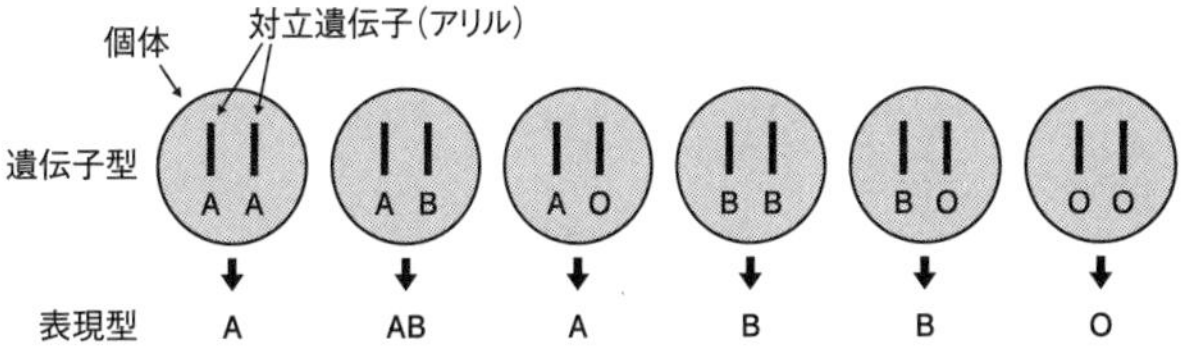

図 3-2　ABO 式血液型における遺伝子と表現型の多型。

遺伝子頻度が変化することを言います。

具体例として、ＡＢＯ式血液型の説明をしましょう。これは赤血球が持つある表面抗原が示すタイプのことで、表現型としてＡ型、Ｂ型、ＡＢ型とＯ型があるのは周知のとおりです。このような表現型の違いが生じるのは、この抗原を規定する遺伝子にＡ型、Ｂ型、Ｏ型の３種の変異（**多型**）が存在するからです。

この３種の**遺伝子多型**から４種の**表現型多型**が生まれる理由は、図３－２に示すとおりです。私たちは両親から１セットずつの遺伝情報をもらいうけるので、私たちの身体を構成する細胞内の遺伝情報（ゲノム）は２倍体のかたちで存在しています。従って各遺伝子も２つずつ存在することになりますが（その対になるそれぞれを**対立遺伝子**（**アリル**）と呼んでいます）、ＡＢＯ式血液型に関しては、両親からどのタイプの対立遺伝子をもらうかにより、ＡＡ、ＢＢ、ＡＢ、ＡＯ、ＢＯ、ＯＯの６つの遺伝子型が存在することになります。ところが対立遺伝子のAとBはOに対して優勢である性質を持つので、遺伝子型がAOとBOの場合は、O対立遺伝子は不活性となります。そのため遺伝子型がAAとAOの場合は表現型がA型に、BBとBOの場合はB型に、OOはO型で、ABはAB型となるわけです。

それではある集団で、A・B・O対立遺伝子の頻度が同等だった場合を考えましょう。その集団中には、A型、B型、AB型、O型の血液型が存在しますが、その差は生き残りやすさや子孫を残す確率など、各個体の適応度に違いを生むようなものではありません（ちなみに日本ではABO式血液型と性格が関係するとの迷信が流布していますが、十分な科学的裏付けはありません）。適応度に差のない遺伝子多型には自然淘汰は働きませんが、それでも偶然の作用で、A対立遺伝子が増えたり、B対立遺伝子が減ったりすることがあり得ます。「若死にしたり子を作らなかったりした個体の多くがたまたまB型だった」というような偶然が起こり得るからです。このような偶然の変動を遺伝的浮動といい、結果として起こる進化を中立的な進化といいます。自然界で**中立進化**が頻繁に生じているという事実は、20世紀後半に入ってから日本の遺伝学者木村資夫らによって示されました。

では簡単なクイズですが、遺伝的浮動の効果は、集団サイズに依存します。大集団と小集団とでは、どちらが浮動の影響を受けやすいですか？

「えっと、それは小集団だと思います。」

そうですね。集団が小さくなると、浮動の影響が大きくなって、それまでに存在した多型の一部が失われることもあります。その一例として、アメリカ先住民の大多数は血液型がO型です。AとBの対立遺伝子が集団中にないんです。これは大多数のアメリカ先住民が1万5000年前くらいにシベリアからアラスカへ移動してきた人々の子孫で、おそらくそのときに一時的に小集団となり、そこでたまたまO型だけになってしまったのだろうと考えられています。このような現象を「ボトルネック（ビン首効果）」と呼ぶのですが、ガラス瓶の口がすぼまるように集団サイズが減ったとき、遺伝子頻度が大きく変わるという意味です。

動物の行動も進化する

動物たちがとる様々な行動パターンも進化の産物です。例えば、前述のようにシカのオスはメスをめぐる争いのために立派な角を進化させましたが、そこでは闘うという行動も進化しています。ズグロカモメなどの親鳥は、巣の中でヒナがかえると、割れた卵の殻をわざわざ遠くへ捨てにいくそうです。不思議に思って研究者が調べたところ、それは卵の殻の色が原因であることがわかりました。殻の外側にはカムフラージュの模様があるので卵は目立ちませんが、ヒナが孵化《ふか》して殻が割れると白い内側が見えてしまい、それがカラスなどの天敵の目を引いてしまいます。そこでヒナの危険を回避し、生存率を上げるために、この本能的行動が進化したと考えられます。

このように行動の進化を研究する分野を行動生態学といいますが、そこでは〝遺伝子のふるまい〟を考えることが大事なので、それを説明しておきましょう。

まず遺伝子がどのように行動に影響しているかですが、それは、「ある遺伝子がある行動を起こす」というような1対1の対応ではないことがわかっています。動物は外部からのシグナルに対して何らかの応答（行動）をしますが、それを媒介するのが脳を中心とする神経回路ですよね。感情を持つような動物ではそこで快・不快のような心的状態が生まれることによって、行動がある方向へ誘導されるのですが、そうした性向あるいは気質を定める回路構築に、遺伝子が関与していると考えられます。その詳細はまだ解明されていませんが、はっきりしているのは、この回路構築には多数の遺伝子が複雑に絡んでいることと、環境も影響していることです。そのため動物の心の中には、生まれつきの性向と、学習して変わる要素の両者が共存することになります。

ある程度知能が発達している動物の個体が、野外で食物を見つけた場合を考えてみましょう。まずそれを採りに行きたいという本能（情動）が働きますが、同時にその個体が遺伝的に備えている心的傾向や知性に応じて、いくつかの選択肢が浮かぶでしょう――何も考えず一目散にとりに行く、周囲を見て外敵やライバルの存在を確認する、ライバルに悟られないよう何げなくとりに行く、今はとりに行かない、仲間にも教えてあげるなど。最終的にその個体は、自分が経験し学習してきたことやその場の状況に応じて何かを判断し行動します。こうした行動は個体の生死に影響することもあるわけですから、その判断のベースラインを決める遺伝子には、当然ながら自然淘汰が作用することになります。

以上を理解したら次のステップですが、自然淘汰は、**繁殖成功度**を高める（＝より多くの子孫を残す）形質や行動が増えるように働きます。図３－１では、濃い色がそのような形質との見立てでした。ここで形質や行動を決めているのは遺伝子ですから、「繁殖成功度を高めるような遺伝子が自然淘汰によってコピーを増やしていく」、という理解が成り立ちますね。つまり生物は、「自分の遺伝子をたくさん残すように進化している」ということです（その比喩として《利己的な遺伝子》という呼び方もあります）。

この観点に立てば、残す遺伝子は必ずしも自分の子を通じたものでなくてもよいことになります。自分の子は、自分の50%の遺伝子を受け継いでいますが（他の50%は配偶者由来）、自分と両親を同一にする兄弟姉妹も50%、甥や姪は25%の遺伝子を自分と共有している計算になります。こうした血縁者を行動で支援して、その結果自分の遺伝子のコピーが増えるなら、自己犠牲があってもその協力行動は進化するでしょう（血縁淘汰説）。

このように理解すると、一見不思議な動物たちの行動にも、進化的な意味があるのだとわかってきます。先ほどのズグロカモメはその一例ですし、働きバチが女王バチに献身するのは、そこに高い血縁関係があるからとわかります。人間の行動や心もこうした原理で説明できる部分があるので、今では進化心理学や人間行動学という研究分野もあります。もちろん、人の感情や好みには数式に置き換えられない複雑難解さがあり、これらの分野も決して万能ではありません。それでも人間の行動が進化の産物で、その心も類人猿の心から進化した事実――つまり人間の心は超自然的で特別なものなどではないということ

――をきちんと押さえておかないと、私たちは大きな過ちを犯すことになります。

まとめと応用　性善説と性悪説はどちらが正しいか

〈第3章のまとめ〉

・進化とは生物集団の遺伝子構成が変化することであり、突然変異、自然淘汰、遺伝的浮動が組み合わさって起こる（図３－１）。
・自然淘汰には適応的な形質を選別する作用があり、これによって地球上の複雑多様な生命体が生まれた。ただし自然淘汰による進化は常に合理性を持つものではなく、無駄あるいは過剰な形質が他の有用な形質と連動して進化する場合もある。
・進化は偶然にも大きく左右される。新しい遺伝子の変異は生殖細胞のゲノムに無秩序に起こる突然変異によってもたらされ、個体にとって有利でも不利でもない中立的な進化は遺伝的浮動によって起こる。

・動物がとる行動も、同じメカニズムで進化してきた。
・血縁がある親族間では、協力行動が生まれやすい。
・人間の行動や心にも、進化理論で説明できる部分がある。

最後の「部分がある」には注意してください。人間の心は科学で捉えきれないほど複雑怪奇ですが、神経回路から生まれているという基本的仕組みは他の動物と共通です。特異ではあるけど特別ではないという実態を、正しく認識しておきましょう。

ではこうした理解に立って、「人間の性善説と性悪説はどちらが正しいか」を考えてみます。ここで《善》は「他者（非血縁者）を思いやる気持ち」、《悪》は「他者に危害を加えてまで自己利益を高めようとする心」を指すとします。《悪》は社会交渉を持つ哺乳動物なら、ヒトを含めてふつうに見られるもので、群れ内で順位争いをする霊長類では特に顕著です。ただしこれが過度に発現し続ければ、群れとともに自分が消滅に向かうだけですので、動物たちはそれぞれに自制心や争いを調停する方法を発達させています。

さて、ホモ・サピエンスの心は、７００万年前頃にいたアフリカ類人猿の心（神経回路）に、少しずつ変更を加えてかたちづくられてきたものです。動物行動学者によれば、《善》

が明確かつ積極的にみられるのはヒトだけです。さらに近年の発達心理学の研究では、他人を妨害する意地悪な行為を嫌い、困っている人を助けようとする道徳心は、ヒトでは１歳になる前から萌芽的に認められるそうです。そこで思い切った単純化を許されるなら、動物なら多少とも存在する《悪》の心に、何らかのかたちで《善》の要素が混じったのがヒトの心とみなせるでしょう。そう考えると、《善》と《悪》が入り混じった人間の心には、性善説も性悪説も馴染まないということになります。

ここで何が誤っていたかといえば、それは善か悪かどちらかの「心の純粋な状態」があると根拠なく仮定したことでしょう。原始社会に「人間本来の平等的な理想社会（ユートピア）」を仮定する考えは、ルソー以来18～19世紀のヨーロッパ思想界にも根強く存在した考えです。その対極として、人間の本性を他者への不信感と欲求とみなしたホッブスの考えも、ヨーロッパ思想界で強い影響力を持ちました。しかし生物進化の産物である私たちの心には両面性があり、ある場面でどちらが優先するかは、それまでの経験とそのときの状況などに左右されると理解すべきです。

人間に道徳心が備わっているという話には心救われますが、一方で「性善説を信じられないのは悲しい」と思う人もいるかもしれません。しかしそう嘆くよりも、両面ある人間という実像を素直に受け入れた方が、現実社会でのストレスは減るはずです。「受験生はカンニングしないだろう」「研究者なら不正はしないだろう」「地道な努力を重ねてつくった栽培品種を他人が勝手に栽培して販売しないだろう」「自分が攻撃しなければ相手もしないだろう」といった考えは、希望であって現実ではないことを、歴史が証明していますよね。

社会にとって有効なルールの規定や安全保障政策の立案のためには、バイアスのない人間理解が必要で、《善》の心を過信せず、いかにうまく引き出すかにかかっていると言えるでしょう。

第4章

地上を歩きはじめた最初の人類

——700万〜1140万年前

猿人の発見とピルトダウン人事件——20世紀前半の論争

ではいよいよサルが人間になった道のりを探っていきましょう。人類は700万年前頃のアフリカ大陸でチンパンジーとの共通祖先から枝分かれして出現しましたが、本章の舞台は、その最初の7~8割に相当する五百数十万年間です。

最近まで人類進化は、猿人、原人、旧人、新人（ホモ・サピエンス）の4段階に分けて整理していました。ところが20世紀末以降に、猿人の前段階に当たる人類化石が相次いで発見されたため、今は**初期の猿人**という新しいグループを加えて5段階としています。今日の講義では、その《初期の猿人》と《猿人》が登場します。

ところで皆さんは、人類の進化は直立二足歩行からはじまり、その後で脳の大型化が生じたと学校で習いましたよね？

「はい。猿人がそうであったと。」

しかし20世紀前半には、その逆の、大きな脳が最初に進化したという説が広く信じられていて、例えばこんな出来事もありました。

　1925年に、南アフリカから猿人の化石頭骨が見つかったというニュースが持ち込まれたんですね。報告したのは、オーストラリア出身のレイモンド・ダートという解剖学者。彼はそれにアウストラロピテクス・アフリカヌスという学名を与えるとともに、「この人類は脳が小さいながら二本足で歩いていた」と主張しました。しかし当時の研究の中心であったイギリスの学界で、このニュースへの反応はとても冷ややかでした。見つかった化石が子供のもので解釈が難しかったこともありますが、最大の理由は、当時イギリスのピルトダウンという場所から、「大きな脳と原始的な下顎を持つ人類化石」とされるものが見つかっていたからです。

　ピルトダウン人と呼ばれるこのイギリスの〝化石〟は、実は捏造された偽物でした。現代人の頭骨の破片とオランウータンの下顎骨を巧妙に削って染色し、古くみせかけていたのです。しかし当時の学界の重鎮たちはそれを見抜けず、顔面は原始的でも頭部は現代的な人類が、かつてイギリスの地にいたと信じたわけです。

　この捏造は最終的に1953年に暴かれますが、おかげで研究は大きく乱れてしまいました。それから調査が進んで、1980年代頃までに大量の人類化石がアフリカで発見され、今では、人類進化の最初の6～7割ほどの期間、人類の脳サイズはチンパンジーやゴリラ並みの400〜500ccに留まっていたことがわかってきました。これは逆にいえば、「脳は簡単に大きくできるものではない」ということを示唆していて、1つの重要な発見です。

単一種仮説――20世紀中頃の論争

もう1つ、しばらく前まで教科書に書かれていた考え方に、**単一種仮説**というものがあります。これは、人類は猿人↓原人↓旧人↓新人と段階的に、かつ一直線に進化してきたというものでした。ただしこの仮説には、重要な含意があります。それは、どの時代の地球上にも1種の人類しかおらず、人類の系統は絶滅することなく直線的に進化していった、というものです。なんだか平和な雰囲気の仮説ですよね。

「なるほど。一直線に進化するというのは、絶滅がないという説でもあるわけですね。」

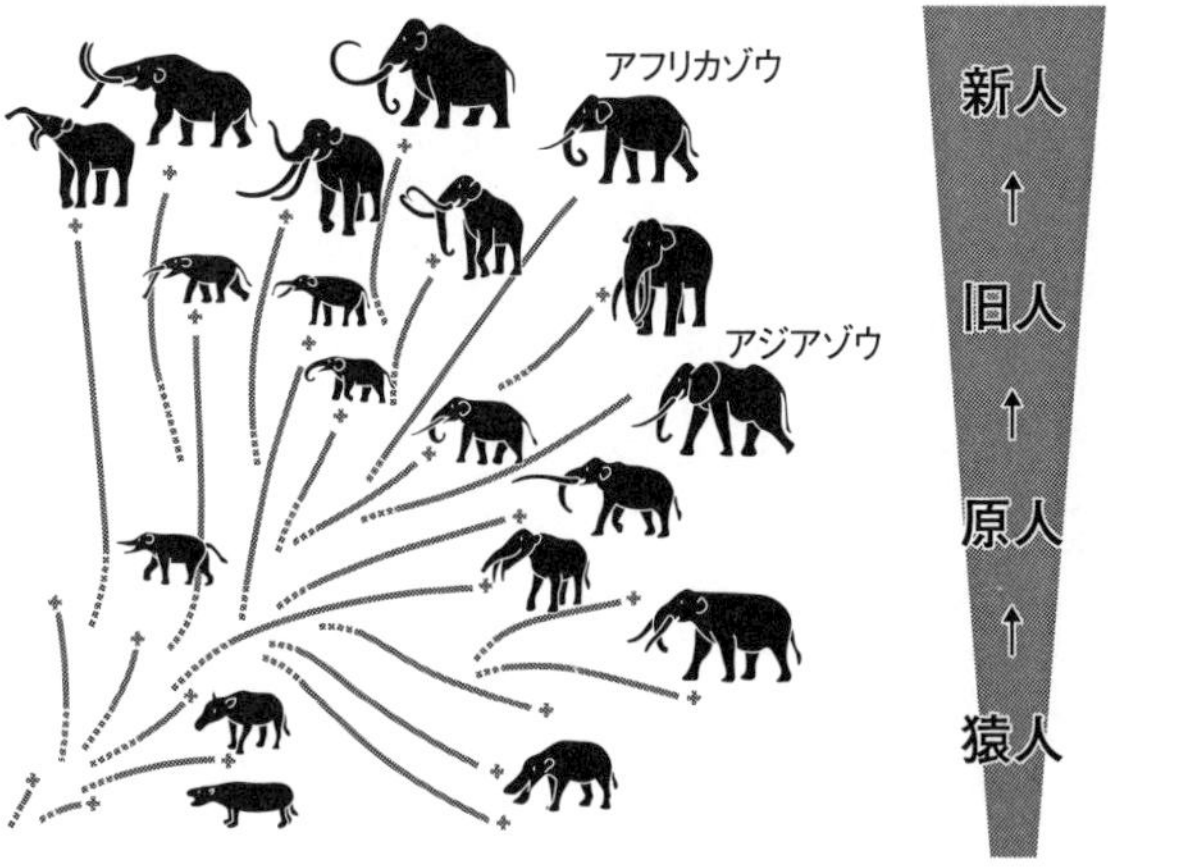

図4-1　ゾウの進化系統樹（左）と人類の単一種仮説（右）。
左図は冨田（2011）の図をもとに作成。

図4－1を見てみましょう。例としてゾウの進化系統樹《けいとうじゅ》を出していますが、ゾウも当初は長い鼻も牙も持たない生き物でした。化石が示しているのは、その進化史の中で様々なゾウが出現しては消えていった、という歴史です。下顎の歯が伸びたもの、それがヘラ状になっているもの、下向きに湾曲していたものなど、まあ多彩です。しかし現生のゾウは、アフリカゾウとアジアゾウの2～3種だけです。多くのゾウは子孫を残さずに絶滅してしまいました。

これが動物の進化のふつうのあり方ですが、単一種仮説は、その中で人類をあえて特別視した仮説ということになります。その背景には《ステージ理論》という考えがあり、「人類は文化という他の動物にはない特別なものを有しているため、複数の人類種が同じ場所に共存できなかった」と説明されました。生態学の概念に競争排除則というのがあって、それはニッチが同じである別種どうしは、同じ場所にいると競合してしまいどちらかが排除されるため、安定的に共存できないということです。ステージ理論によれば、文化に依存する人類にも同様の原理が働き、複数種の人類が同時に存在し得ないように作用するため、どの時代にも1種の人類しか存在し得なかったというんです。

「ちょっと腑に落ちない部分がありますが、理論があったということ自体が意外でした。」

正直私もこの理屈に納得はできていないのですが、ともあれステージ理論は、人類は一体となってステージをかけ上がるように進化してきたという考えでした。これは1960年代にアメリカの著名な人類学者が提唱して一定の支持を集め、日本の教科書でもしばらく前までこの説に沿った記述をしていたんです。

単一種仮説は今考えると風変わりな仮説に思えるかもしれませんが、これが受け入れられたのにはその時代なりの理由があったようです。まず20世紀の中頃までは、化石人類の種が乱立していた時期でした。どういうことかと言うと、新しい人類化石が発見されるたびに、発見者がそれを新種として発表したんですね。例えば、ジャワ原人にはピテカントロプス・エレクトス、北京原人にはシナントロプス・ペキネンシスという、それぞれ新属新種の名が提唱されました。アフリカで発見された猿人や原人の化石にも、そんな独自の学名が次々と与えられました。

「できることなら新種の発見者になりたい」という誰にでもある気持ちがそうさせたのでしょうが、やがてそれに待ったがかかります。「人類学者いいかげんにしなさい」と。エルンスト・マイヤーという鳥類を専門とする進化生物学者が、それまで乱立していた人類の種を、動物学本来の基準に照らしてまとめ直そうと言い出しました。それを受けて、ジャワ原人と北京原人はホモ・エレクトスという1つの種にまとめられ、各々はその地域集団とみなされるようになったのです。学名は最初に提唱されたものに優先権があります。これらの原人は、私たちホモ・サピエンスと同属とみなすべきだということでホモ属に。でもホモ・サピエンスとは別種と考えるべきということで、最初に提唱されたジャワ原人向けの名を使って、ホモ・エレクトスとなりました。そんなふうに混乱が整理されていきましたが、単一種仮説はその延長線上で生まれたものです。

当時のもう1つの流れは、悲惨な世界大戦後の反動として持ち上がった、平和主義と平等主義です。人と人の違いを無意味に誇張するのはやめましょうという意識の中、ユネスコからも人種主義に反対する宣言が出されました。その中で例えば、かつては野獣のように描かれていたネアンデルタール人についても、風貌の違いから先入観でイメージを決めるのでなく、むしろ彼らが持っていたかもしれない人間らしさを見出そうとする風潮が生まれます。そうしてネアンデルタール人は、ホモ・サピエンスの中の亜種とする考えが広まりました。

「ホモ・サピエンス・ネアンデルターレンシスという名を聞いたことがありますが、それですね?」

そうです。この考えでは、ネアンデルタール人は私たち現代人とさほどの違いはなく、同じ種とみなされたわけです。化石に見られるわずかな違いをもって別種の絶滅グループと決めつけるのでなく、生物群が有する個体変異をきちんと見ましょうという姿勢ですね。

そんなわけで、ステージ理論が提唱されるのにも、過去への反省というか、それなりの背景があったわけです。しかし1970年代頃になると、化石が増えてきて、違う事実が見えてくるようになりました。

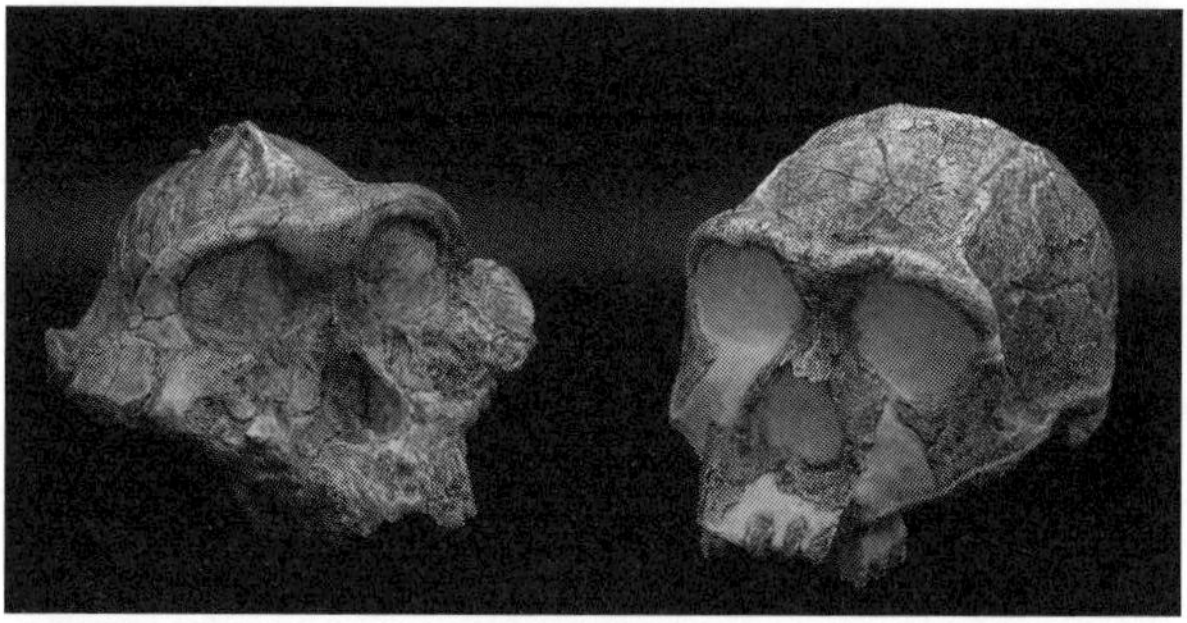

図4-2　ケニア北部のトゥルカナ盆地から発見された頑丈型猿人（左）と原人（右）の頭骨化石模型。

図4－2は、1976年に『ネイチャー』誌に報告された2つの化石ですが、一方は原人のもので、もう一方は頑丈型猿人と呼ばれる人類の頭骨です。前者には人間らしさを感じられると思いますが、後者はかなり異様ですね。これらがケニア北部のトゥルカナ盆地と呼ばれる同じ場所のほぼ同じ地層から発見されたのですが、2つはどうみても1種の人類ではありません。これが単一種仮説を否定する決定打になりました。

今ではさらに多数の人類化石が見つかっていて、人類の進化において系統の枝分かれと絶滅は、むしろ稀ではなかったことがわかってきています。化石がジグソーパズルの1つ1つのピースだと思うと、この研究の流れがよくイメージできるかもしれません。ピースの数が1万個のパズルがあったとして、勘のいい人は少数のピースから全体像を予測するでしょう。ステージ理論はそれを試みようとして結果的に誤りましたが、ピースが増えれば、次第に本当の姿が見えてきます。

アフリカのどこか——20世紀後半の論争

1970〜80年代には東アフリカの大地溝帯（図4－3）で人類化石の探索が活発に行われ、その頃までに人類アフリカ起源説の証拠が固まってきました。さらに400万年前に迫るような古いの猿人の化石は、南アフリカではなく東アフリカで集中して見つかるため、人類が誕生したのは東アフリカの大地溝帯周辺と考えられるようになりました。

大地溝帯とは、紅海からエチオピア、ケニア、タンザニアなどを通ってアフリカ大陸を南北に走る、巨大な谷のことです。なぜそんな構造ができるかというと、そこの地下は地球内部のマントルが上昇している現場で、そこから東西へ分かれて流れるマントル対流に引きずられ、大地が持ち上がって裂け、中央部が陥没するからです。

このような地殻変動は1000万年前頃からはじまりましたが、そうした知識が、人類の起源に関わる次の魅力的な仮説を生みました。

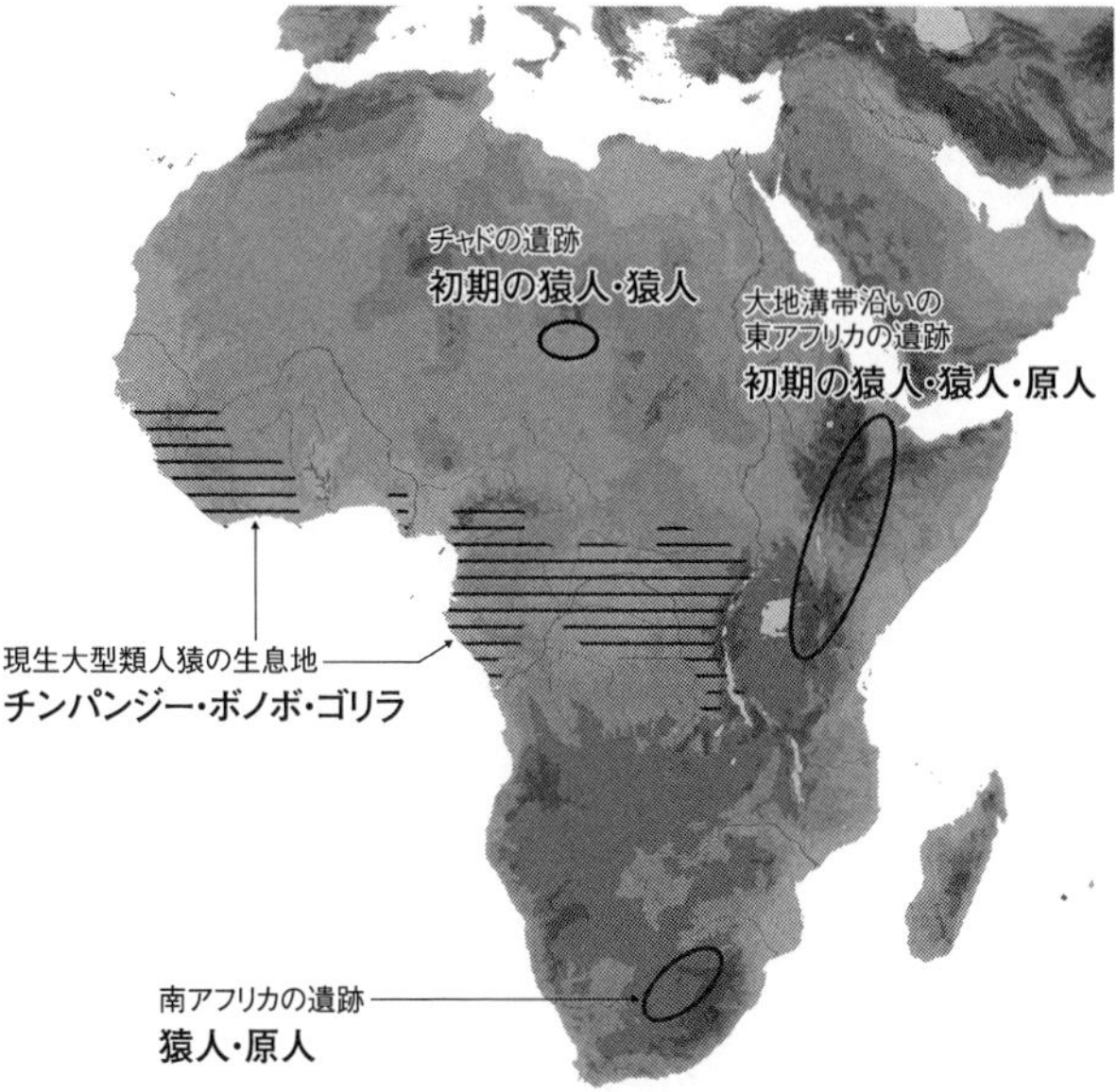

図4-3　アフリカの主な初期人類遺跡と現生大型類人猿の生息域。背景地図において濃い色は高地を示す。

大地溝帯の形成がはじまり、東アフリカ一帯の標高が高くなると（例えば現在のケニアの首都ナイロビの標高は約1600ｍです）、その地形が海から入ってくる湿った風をブロックするようになります。その影響でこの地域の森が減り、サバンナが広がるようになりました。1982年にフランスの人類学者イヴ・コパンは、この環境変動の中、地溝帯の東側で平原に放り出された類人猿の一部が直立二足歩行を発達させて人類になったという説を唱え、それを、ブロードウェー・ミュージカルの名作をもじって、《イーストサイドストーリー》と名づけました。

明快なシナリオとユーモアのある名でこの仮説は一躍有名になりましたが、21世紀に入ると風向きが変わります。決定的な反証を示したのは、同じフランス人のミシェル・ブリュネという古生物学者でした。彼は人類化石が見つかることがわかっている大地溝帯に大勢の研究者が群がっている間に、皆とは違うものを発見してやろうと、一人でカメルーンからチャドまで、アフリカ大陸の西側をうろついていました。その無謀とも言える執念は最後に実り、チャドの砂漠で、まず360万年前の猿人の化石を発見し（1995年発表）、さらに700万年前とされる現時点で最古の人類化石を発見したのです（2002年発表）。こうしてイーストサイドストーリーは崩れ、最初期の人類（初期の猿人）は、大地溝帯をまたいでチャド〜エチオピア〜ケニアに至る地域に分布していたことがわかってきました。

木から降りはじめた初期の猿人

ではここで、最初期の人類がどんな姿をしていたかを見てみましょう。初期の猿人の化石は、チャドで発見された700万年前頃のつぶれた頭骨化石（サヘラントロプス・チャデンシス）や、ケニアの600万年前頃の地層から発見された大腿骨など（オロリン・トゥゲネンシス）が知られています。これらからは、直立二足歩行をしていたらしい痕跡が読み取れるのですが、全身像まで詳しくわかるのは、エチオピアで見つかった440万年前の**ラミダス猿人（アルディピテクス・ラミダス）**だけです。

ラミダス猿人については、奇跡的に成人1個体の全身骨格が発見されていて、東京大学の諏訪元を含むアメリカ・エチオピア・日本の国際チームにより、2009年にその詳細な研究成果が報告されました。なぜ奇跡的かというと、人類が墓をつくるようになる前の時代においては、遺体は地上で風化したり、他の動物に踏みつけられたり、水流で運ばれたりして、ばらばらになる運命にあったからです。私たちが発見できる化石骨というのは、たいていそういう断片化したものですが、稀に遺体が損傷する前に土に埋もれてそのまま化石となることがあります。今回も灼熱の野外で化石探しを続けていた調査隊が、幸運にも恵まれて大発見に至りました。

私は前職の国立科学博物館にいた2013年に、諏訪教授の協力を得てラミダス猿人のCGを製作しています（図4－4下）。国立科学博物館シアター36○《サンロクマル》の『人類の旅』という作品中に見られる1分30秒の映像の中に、そのエッセンスをちりばめたのですが、ここではその映像の解説をするかたちで（展示場では聞けない情報です）、諏訪教授らが研究したラミダス猿人の姿を見ることにしましょう（木登りシーンなどの演技指導と寝起きの活動のアドバイスは、チンパンジー研究者の保坂和彦と座馬耕一郎からそれぞれいただきました）。

設定した場はあまり密でない森林で、後方には水場もあります。そこにいたのは、複数のオスとメス（この時期の人類の性別を男女と言うべきか悩ましいところです）と子供からなるラミダス猿人の群れ。

朝日が昇り、複数のラミダス猿人が、寝床にしている樹上から降りてきて、その日の活動をはじめました（大型類人猿は基本的に樹上に枝葉をしいたシングルベッドをつくって寝ます）。何やらつまんで食べているものもいれば、仲間と挨拶している個体もいます。水辺には、水を飲んだ後に一人遊びをしている子供の姿も見えます。

ラミダス猿人は全身が体毛に覆われ、木登りが得意ですが、そのように復元した根拠は足の構造にあります。彼らの足の骨は、手のように親指が他の指と離れ、ものをつかむことのできるサル的な特徴を示していました（図2－6を参照）。だから手足で枝をつかみながら、器用に樹上を移動していたはずです。一方、そこで問題になるのが幼児の運搬。親は子を抱っこしながら木登りできませんので、幼児は自分の力で親にしがみついて運んでもらうしかありません。サルも類人猿もみなそうしていますが、その際に幼児が握ってい

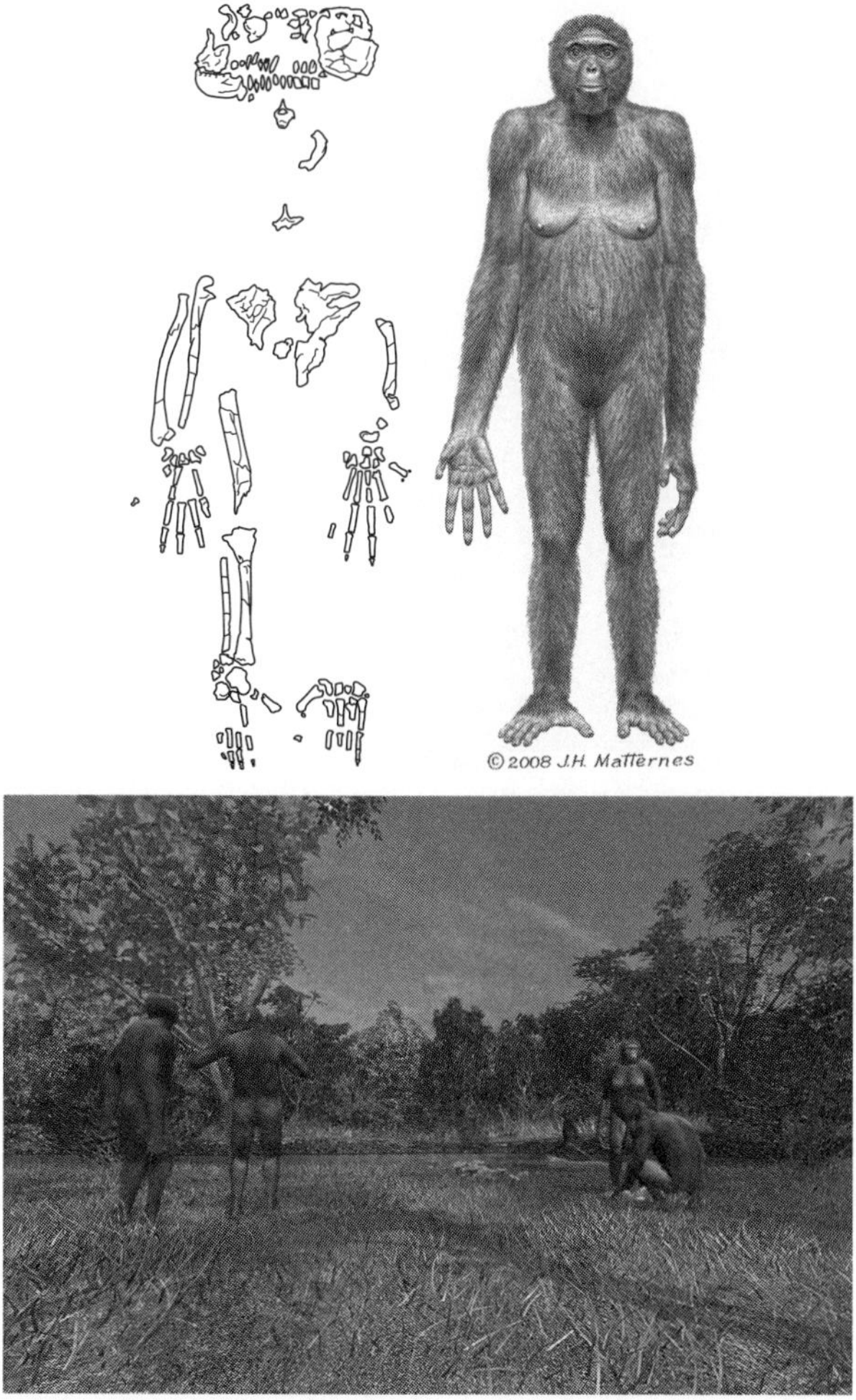

図4-4　上左）ラミダス猿人の骨格化石。上右）研究チームによる復元画（Jay Matternes画）。下）シアター36○にて上映している復元CG（国立科学博物館より提供）。

るのは親の体毛なのです（体毛のない素肌でこの行動は無理でしょう）。だから木登りするラミダス猿人は、立派な体毛に覆われていたはずです。国立科学博物館の映像作品では、ある大人メスにしがみついた、赤ちゃんラミダスも登場していますので、作品を見る機会があったらぜひ探してみてください。

最初の人類はチンパンジーではない

さて、図４－４を見た皆さんは、ラミダス猿人はチンパンジーが二本足で立ち上がったような生き物だと思ったかもしれません。ところが実際はそうではなく、ラミダス猿人はいくつかの点でチンパンジーと大きく異なっていることが、研究で明らかにされました。「人類はチンパンジーとの共通祖先から生まれた」ことに変わりはないですが、どうやらその共通祖先は、現在のチンパンジーとはかなり違う類人猿だったようなのです。

シアター３６０の映像には、地上にいるラミダス猿人の個体が、手のひらを地面につけながら四つ足で歩き、それからすっと立ち上がって二本足で歩きだすシーンがあります。

実はこの前半の四足歩行はむしろニホンザルやヒヒと似ていて、チンパンジーやゴリラのナックル歩行（手指の背面を地につける特殊な四つ足歩行。第2章参照）とは異なります。それはラミダス猿人の化石骨には、ナックル歩行をうかがわせる特徴や、さらにチンパンジーやテナガザルがやるような、枝にぶら下がって樹上をアクロバティックに動きまわったような痕跡が見当たらなかったからで、そのためにこのように復元しました。

また、ラミダス猿人の歯は、果実を主食とするチンパンジーとも、葉を主食とするゴリラとも異なる特徴を示していて、雑食傾向が強かったことがうかがわれます。映像作品中では、ラミダス猿人の食物として、大きくて見やすい果実やキノコを選びましたが、このほかにも昆虫やトカゲといった小動物や、トリの卵なども食べていたことでしょう。

このようなラミダス猿人の姿は、2500万年前以降のアフリカに現れた原始的な類人猿の姿とよく似ています。つまり人類と現生のアフリカ類人猿（ゴリラ、チンパンジー、ボノボ）は、どちらもそうした四つ足歩行の類人猿から派生し、人類はそこから直立二足歩行を進化させ、チンパンジーたちもそれぞれ独自の進化を遂げて現在に至ったのだと考えられます。「進化しているのは私たち人類だけではない」ということですね。

もう1つ、ラミダス猿人の社会や性格についてヒントをくれるのが、犬歯のかたちです。人類以外の全ての霊長類は、攻撃や防御のために、大きく鋭い犬歯を発達させています。

ところが人類は、そんな大切な犬歯を小さく退化させてしまい、鏡を見てもどの歯が犬歯だかすぐにはわからないほどにしてしまいました（図2－7）。発見されたラミダス猿人の犬歯は、ヒトと比べればずっと大きいのですが、退縮傾向を示しはじめていました。本来の武器であった犬歯を発達させないラミダス猿人は、犬歯をむき出して激しく争うことの少ない、落ち着いた性格をしていたのかもしれません。

一方、チンパンジーはかなり攻撃的な性格をしていて、群れ内のオスどうしは激しく争うことがあり、ある群れがとなりの群れを壊滅させた事件も観察されています。アフリカ類人猿の中でも、ゴリラやボノボは比較的穏健な性格をしていることから、チンパンジーの攻撃的な性格は、チンパンジーの系統において独自に進化したと考えられます。

ラミダス猿人とチンパンジーは違うという話をしてきましたが、それはそうとして、全体的にみるとラミダス猿人はどんな印象ですか？　ヒトらしいですか、それとも類人猿と似ていますか？

「類人猿だと思います。」

やはりラミダス猿人はとても原始的で、「立ち上がった類人猿」以上でも以下でもない、という印象ですね。初期の猿人はまだアフリカの一部地域にしかおらず、森から離れることもできない存在だったようです。

７００万年前とされるサヘラントロプスや、６００万年前のオロリンについては、まだ化石資料が多くないため、ラミダス猿人ほど深入りした復元はできません。それは将来の課題として、とても興味深いのは、４４０万年前のラミダス猿人、つまり誕生してから２６０万年（７００万年の37％）ほど経過した時期においても、人類はまだこんな原始的な姿だったということでしょう。地上へ適応、直立二足歩行、犬歯の小型化を示しますが、どれもまだ中途半端というか移行的で、まだあまりヒトらしくはありませんでした。

なぜ立ち上がったのか

ところでなぜ人類は、直立二足歩行をはじめたのでしょう？　直立姿勢のメリットとしては、地上から高いところにある木の実をとれる、遠くまで見渡せる、身体を大きく見せられる、自由になった手に石や棒を持って外敵を追い払える、日光が身体に当たる面積が少なくなるので体熱の上昇を防げる、地上での歩行としてはエネルギー効率がよい（高速移動には不向きですが）、など複数ありますので、話はなかなか複雑です。最近では、直立して自由になった手を使って、オスがお気に入りのメスにせっせと食物を運んで縁を深めようとしたという食料供給仮説も注目されています。これらの全てが多かれ少なかれメリットになった可能性もあり、人類の祖先を直立させた主因の謎は、まだ解明されていません。

それから、「なぜ立ったか」という疑問とともに大事なのが、「立った結果として何が起きたか」ですね。この点については次章に話すことになりますが、ヒトの特徴の多くは、この直立姿勢が下地になって進化したということだけ、言っておきたいと思います。

危険な地上を進んだ猿人

420万年前以降になると、東アフリカに《初期の猿人》とは様相の異なる**猿人**が現れました。猿人には2グループあって、一方は**非頑丈型猿人**（**アウストラロピテクス属**）、他

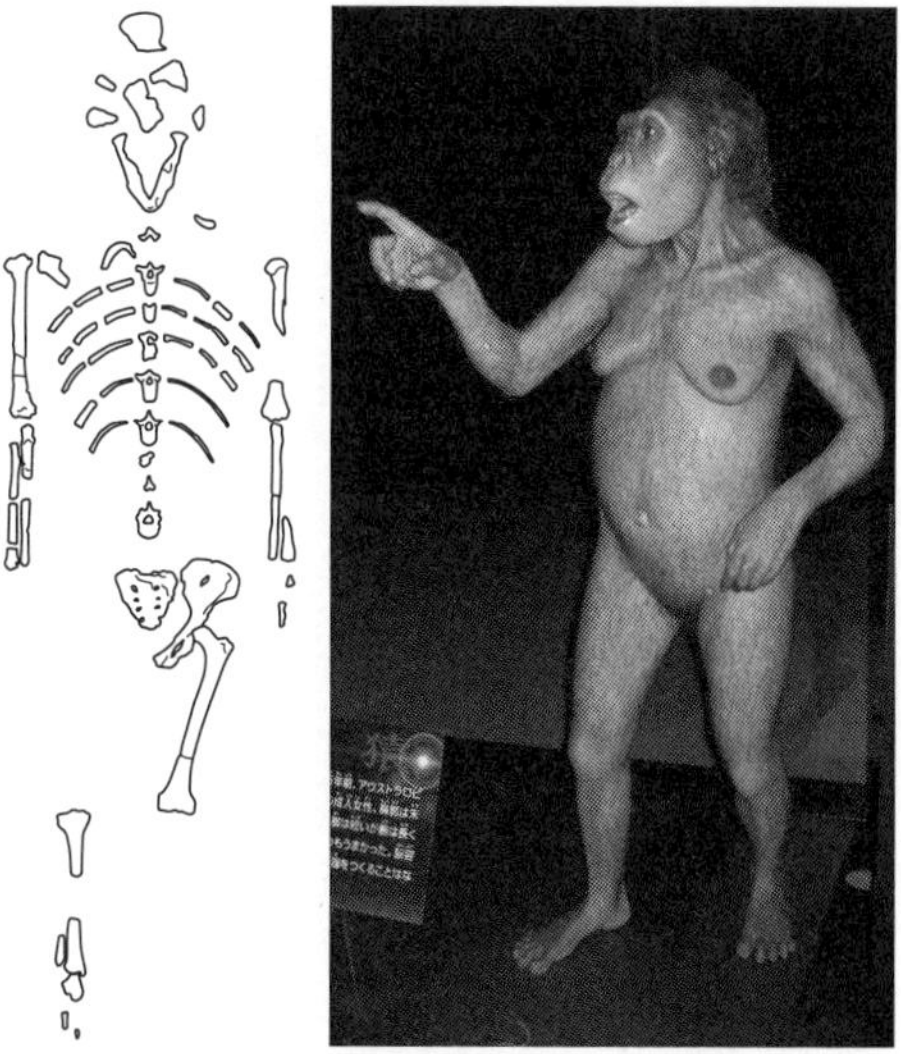

図4-5　アファール猿人『ルーシー』の骨格化石（左）と、国立科学博物館に展示中のルーシーの復元像（右：製作監修は馬場悠男）。

方は**頑丈型猿人**（**パラントロプス属**）と呼ばれています。

　非頑丈型猿人では4つかそれ以上の種が知られていますが、最もよく研究されているのは**アファール猿人**（**アウストラロピテクス・アファレンシス**）です。アファール猿人の化石は、エチオピアやタンザニアなど東アフリカの370万〜300万年前の地層から多数発見されていますが、特に「ルーシー」と呼ばれる小柄な女性の部分骨格は、世界的に名が知られています（図4－5）。

　図4－5に、アファール猿人（猿人）の骨格と復元像を示してありますが、図4－4のラミダス猿人と比

べてどんな印象ですか？

「毛が薄めです。」

「頭部が小さくて、口元が飛び出ているのは原始的に見えます。」

「足がヒトのようなかたちに変化しています。」

いいところに目がいっていますね！、体毛については定説がなく、担当した研究者によって濃くしたり薄くしたり、違いが出ます。一方で体型や頭部形態については、化石があるのでちゃんとわかります。猿人の頭骨は、全体的にみると相変わらず類人猿的で、脳も小さいままでした。一方で顎や臼歯（奥歯）は、ラミダス猿人よりも大きくなっていて、食物が変化していたことが示唆されます。アファール猿人の推定身長は１００〜１５０cmくらいで、ルーシーはその中で最も小柄な個体です。

ルーシーの化石は足の部分が欠損しているので、この復元は他個体の化石骨や足跡化石の情報に基づいていています。タンザニアのラエトリでは、１９７８年と２０１５年に、合計で５人分のアファール猿人の足跡が発見されました。そこからは、親指が前を向いて把握能力を失ったヒト的な足の構造が読み取れます。猿人には、脚が短くて腕が長い体型や、肩関節や手指の骨のかたちに、木登り行動を思わせる類人猿的な特徴が残っています。それでも足の構造が変わったことから、たとえ不完全であっても、地上への適応が着実に進んでいたと言えるでしょう。

生活の場を地上へ移すということは、ライオンやハイエナなどと行動圏を同じくすることを意味します。アフリカのサバンナに適応したヒヒは、咬まれたら致命傷ともなる巨大な犬歯を持つ上、大きな群れをつくって肉食動物から身を守ろうとしています。そんな中、犬歯を退化させつつあった猿人たちは、どのように安全を確保していたのでしょう？　それはまだ謎ですが、人類はこの危険な地上へ降りたことによって、その後の可能性を大きく広げていくことになります。

狩ったのか、狩られたのか（殺したのか、殺されたのか）

20世紀の中頃、人類学では**狩猟仮説**が注目を集めていました。そのシナリオでは人類は猿人の頃から動物たちを狩っていたとされ、狩猟行動の中で人間らしい知性、好奇心、感

図 4-6　夜間にヒヒを仕留めたヒョウ。Lynne A. Isbell と Laura Bidner がケニアで自動撮影したもの。Isbell et al.（2018）より転載。

情が進化し、技術、協力、社会性、食物の分配、男女分業など人間特有の諸側面が発達したという理論が練られました。

この流れの中で際立っていたものに、アフリカヌス猿人を発見したダートによる、《キラー・エイプ仮説》があります。南アフリカのマカパンスガット洞窟には、アフリカヌス猿人とともに断片化したヒヒなどの動物骨が集積していて、ダートはこれを猿人が動物を狩って食べた跡と解釈しました。さらに彼は、猿人の化石骨も壊れていることに注目し、猿人は仲間も殴り殺す冷酷な殺戮者だったと考えるようになります。第二次世界大戦の陰鬱さが尾を引いていた当時、人類は本能的に残虐であると考えていた研究者はダートだけではなく、こうした考えは劇作家らの著作を通じて一般にも広まりました。

しかし1970年代に入ると新しい研究手法が導入され、猿人に対する理解は一転します。ダートの時代の研究は、現場を見て思いついたシナリオを発表するというような傾向がありました。そうではなく、洞窟の中に死んだ動物の骨が集積する様々な自然のプロセスを調べ、現場に残された証拠をもとに、骨を集めた真犯人を探る科学的調査が行われるようになったのです（警察の現場検証をイメージしてもらって構いません）。それは人類による場合もあれば、自然の水流によることもあります。

そして南アフリカの洞窟で骨の集積に加担していたのは、猿人ではなくヒョウなどの食肉類であったことが、古生物学者のチャールズ・K・ブレインによって明らかにされました。彼が丹念に破砕された骨を調べていった結果、その多くはヒョウやハイエナがかみ砕いてできた残骸にそっくりで、一部の骨には実際にヒョウの歯痕がついており、その中には猿人の頭骨も含まれていたのです！　図4－6は夜間にヒョウがヒヒを襲った様子ですが、猿人もこんなふうに肉食獣に狙われていたのでしょう。

こうして話はすっかり逆転してしまいました。かつて狩猟者とされていた猿人は、むしろ少なからず襲われる立場にあったわけです。現在の専門家たちは、人類において狩猟行動が明確になってくるのは、猿人より後の、原人あるいは旧人の時期だと考えるようになっています。

男女差の進化

過去の人類においてもう1つ興味深いのは、体格の性的二型つまり男女差です。そこが明らかになれば、ヒトにとっての男女差の由来や意味を考える材料になるでしょうし、加えて過去の人類の社会構造を読み取れる可能性も出てきます。

第2章で触れたように、霊長類の社会形態は多様ですが、それと性的二型のパターンには一定の関連があります。例えばゴリラのようにオスとメスの体格差が大きい種は、1頭のオトナオスが複数のオトナメスを従える《ハーレム》を形成し、これに対し中程度の性的二型を示すチンパンジーは、1つの群れに複数のオスメスが混在する《複雄複雌群》というタイプで、性的二型がほとんどないテナガザルは《一夫一婦》です。

その中で現代人の体格の男女差は、ゴリラやテナガザルのように極端でなく、チンパンジーよりやや大きい程度なのですが、それは何を意味しているのでしょうか？　現代人の婚姻形態としては一夫一婦あるいは一夫多妻が多くみられますが、遠い祖先たちにおいて、それはどうだったのでしょう?

化石人類の体格の性的二型は、骨や足跡のサイズのちがいから検討できますが、個々の骨や足跡の男女を明確に判別できなかったり、足跡の場合は子供が紛れ込んでいる可能性もあるという難しさがあります。そのためアファレンシス猿人の性的二型についての論争は決着しておらず、ゴリラと同程度に大きかったという主張から、現代人よりやや大きい程度という主張まで、研究者の意見は分かれています。現時点ではかなり大きいとする意見が多勢ですが、いずれにしても、猿人の性差が現代人よりも大きかったことは間違いないようです。

一方で体格とは別に、犬歯の性的二型について、東京大学の諏訪元のチームが興味深い研究成果を発表しています。第2章では、サルたちが、攻撃や防御に使う大きくて鋭い犬歯を持っていることを話しました。同時にサルたちでは、より攻撃的なオスの方がメスよりずっと大きな犬歯を持っている、つまり犬歯サイズの性差が大きいという特徴がありま す。一方の人類では、700万年の進化の過程で犬歯が次第に小型化するに伴い、犬歯サイズの性差も小さくなったのですが、こうした男女差の縮小がいつ起きたのかは、これまで不明でした。そこで諏訪らが綿密な統計的検討を行ったところ、意外なことに、初期の猿人においてすでに現代人並みの性差の縮小が起こっていた、というんですね。これは人類誕生から間もない頃に、メスよりもオスにおいて犬歯の小型化が急激に進んだことを示しています。諏訪らは、この段階でオスの攻撃性が弱まり、オス＝メスの交流を決める因子がオスの力よりもメスがどのオスを選ぶか（メスの選択）へと変容し、人類の協力行動を加速化させる下地が生まれていたのではないかと推測しています。

猿人の社会構造については、他にも興味深い発見があります。エチオピアの調査でアファール猿人の1つの群れが、おそらく鉄砲水のような事故で全滅した跡と考えられる化石群が発見されました。「最初の家族」と呼ばれるこの一連の化石には、複数のオトナオスとオトナメスとコドモが含まれていました。これに基づいて考えるなら、アファール猿人の社会は、少なくともゴリラ的なハーレムや、テナガザル的な一夫一婦ではなかったはずです。群れには複数のオスとメスが混じっていたはずですが、この段階で犬歯の性差が小さくなっていたことを考えれば、その実態はチンパンジー的な乱婚ではなかったでしょう。対案として、強いつながりをもつ特定のオスメスの集合体だった可能性が考えられますが、これについてはさらなる研究が待たれます。

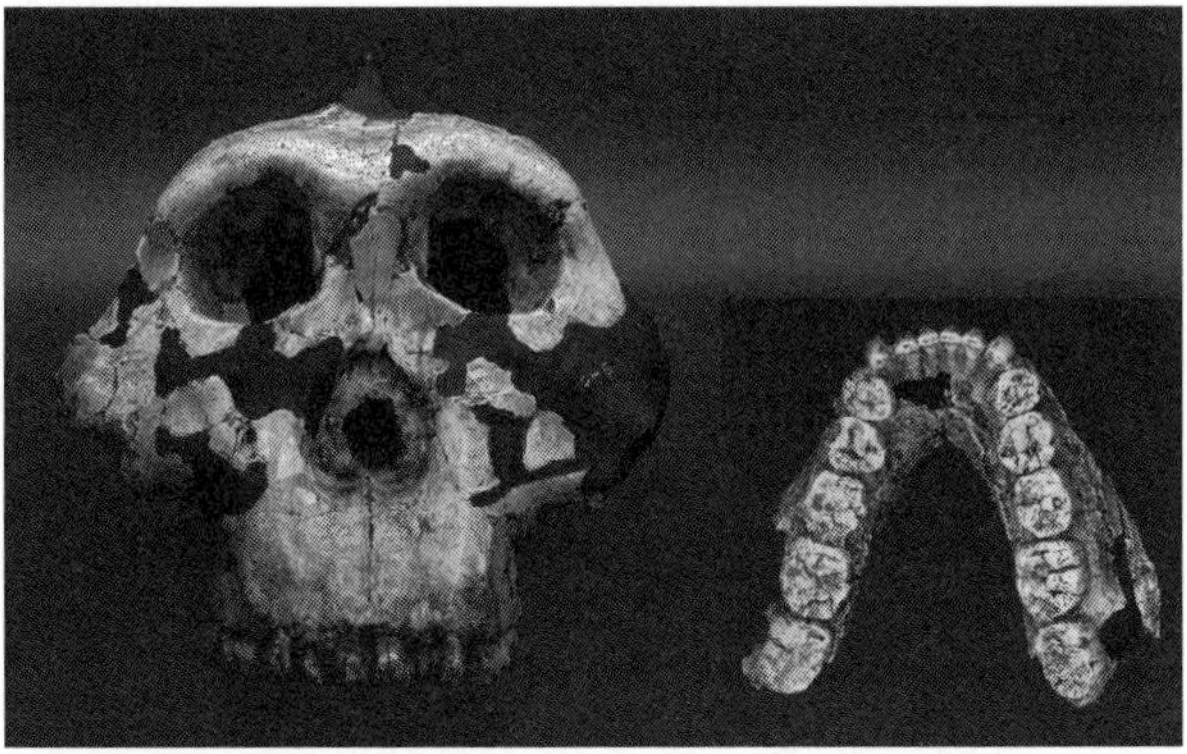

図4-7　頑丈型のボイセイ猿人の頭骨化石模型。顔面（左）と下あごの歯列（右）。巨大な臼歯と頑丈なあごの骨に注目。

まとめとその後　猿人の多様化と絶滅

〈第４章のまとめ〉

・１００年以上に及ぶ化石調査や遺伝学の発展などにより、今では初期の人類進化史の大枠が明らかになってきている。

・７００万～４４０万年前頃の《初期の猿人》は、把握性のある足をもちながら直立二足歩行をし、地上と樹上を行き来する動物だったらしい。

・《猿人》は、小さな脳と腕長・短脚の類人猿的四肢プロポーションを保ちながら、足の構造を進化させ、危険だが新たな可能性を秘めた地上へ本格的に踏み出しはじめたグループだった。
・猿人の樹上性の程度や性的二型などの諸側面については、まだ論争がある。
・猿人は優れたハンターではなく、自然界の強者でもなかった。

猿人はその後、300万年前頃になると分布域を南アフリカへと広げ（アフリカヌス猿人）、270万年前以降には頑丈型猿人（パラントロプス属のボイセイ猿人など3種）が出現するなど多様化していきました。しかしそこで著しく人間らしさを増すことはなく、基本的にアファール猿人の特徴が継承されます。

ケニアでは330万年前とされる石器も見つかっており（後述）、これが正しければ末期のアファール猿人あたりが散発的に石器を作っていたことになるでしょう。しかし猿人は最後までアフリカ大陸を出ることはなく、やがて140万年前頃を境にその化石は見つからなくなりました。ヒト化への歩みは、次に登場する、ホモ属の人類によって達成されていくことになります。

第5章

原人と旧人が問いかける人類にとっての脳

――250万～4万年前

動物の脳はなぜみな大型化しないのか

私たちは脳を大きくして繁栄した種ですが、そうだとすると疑問に思いませんか？　なぜ他の動物たちは、人類のように脳を大きくしないのでしょう？

「……」

ところで、身体が大きければ脳も大きくなります。ゾウは巨体を制御するために多数の神経細胞が必要で、そのためにヒトよりも大きな脳を持っています。なのでここでは、身体サイズに対する相対的な脳サイズを考えます。身体サイズと関連する分を差し引くと、ヒトの脳はやはり大きいということになります。なかなか答えが出てこないようなので、質問を変えましょう。脳が大きければ動物は繁栄できますか？

「そう思ってましたが、違うんですか？」

全くそんなことはないですよ。ヒトの次に賢いと言われるチンパンジーやゴリラは、今どうなっていますか？

「あっ……」

大型類人猿たちは今や絶滅危惧種ですよね。霊長類の中で現在勢いがあるのは、むしろニホンザルやヒヒなどで、類人猿ではありません。そもそも広く見渡せば、脳が発達していなくても大繁栄している虫やらなにやら、たくさんいますよね。

「ハエとか、ゴキブリとか、蚊とか……」

哺乳類は爬虫類よりも相対的脳サイズが大きく、霊長類は他の哺乳類よりさらに相対的脳サイズが大きいグループですが、周りをよくみれば、もっと繁栄している生物がいます。昆虫は地球上の生物１７０万種のうち１００万種ほどを占めるくらい多様化していて、大成功したグループとされています。あるいは個体数で競うなら、微生物の圧勝になりますよね。細菌、菌類、微細藻類、原生動物などの微生物の数はすさまじくて、耳かき一杯の

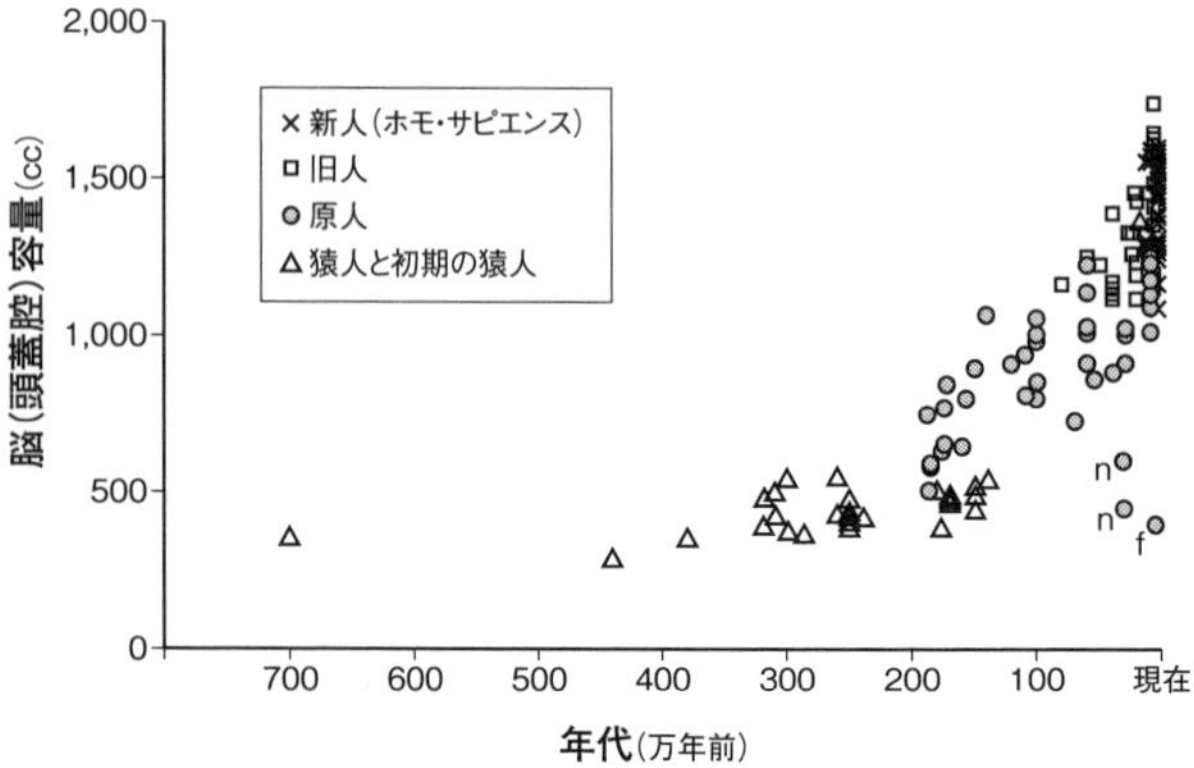

図5-1　人類における脳サイズ(頭蓋腔容量)の時代変化。
f：フローレス原人、n：ホモ・ナレディ。

泥には1000万個、一滴の海水の中にはおよそ1万個もの微生物が生きているそうです（日本微生物学会のホームページより）。

つまり**大きな脳を備えて賢いことだけが、生物としての成功への秘訣ではない**ということです。地球上には、洞窟の中から水中から空中まで様々なニッチがあり、それらに適応する無数の手段があるから、地球上の生き物はここまで多様化したわけです。

とはいえ、ホモ・サピエンスの繁栄が脳の発達に起因していることは、間違いありません。そこで疑問が生まれるのですが、なぜチンパンジーたちはもう一歩踏み出して、ヒトのような道を歩まなかったのでしょうか？　そして両者のどのような違いが、絶滅が危惧される側と、その原因をつくった側という、互いの対照的な

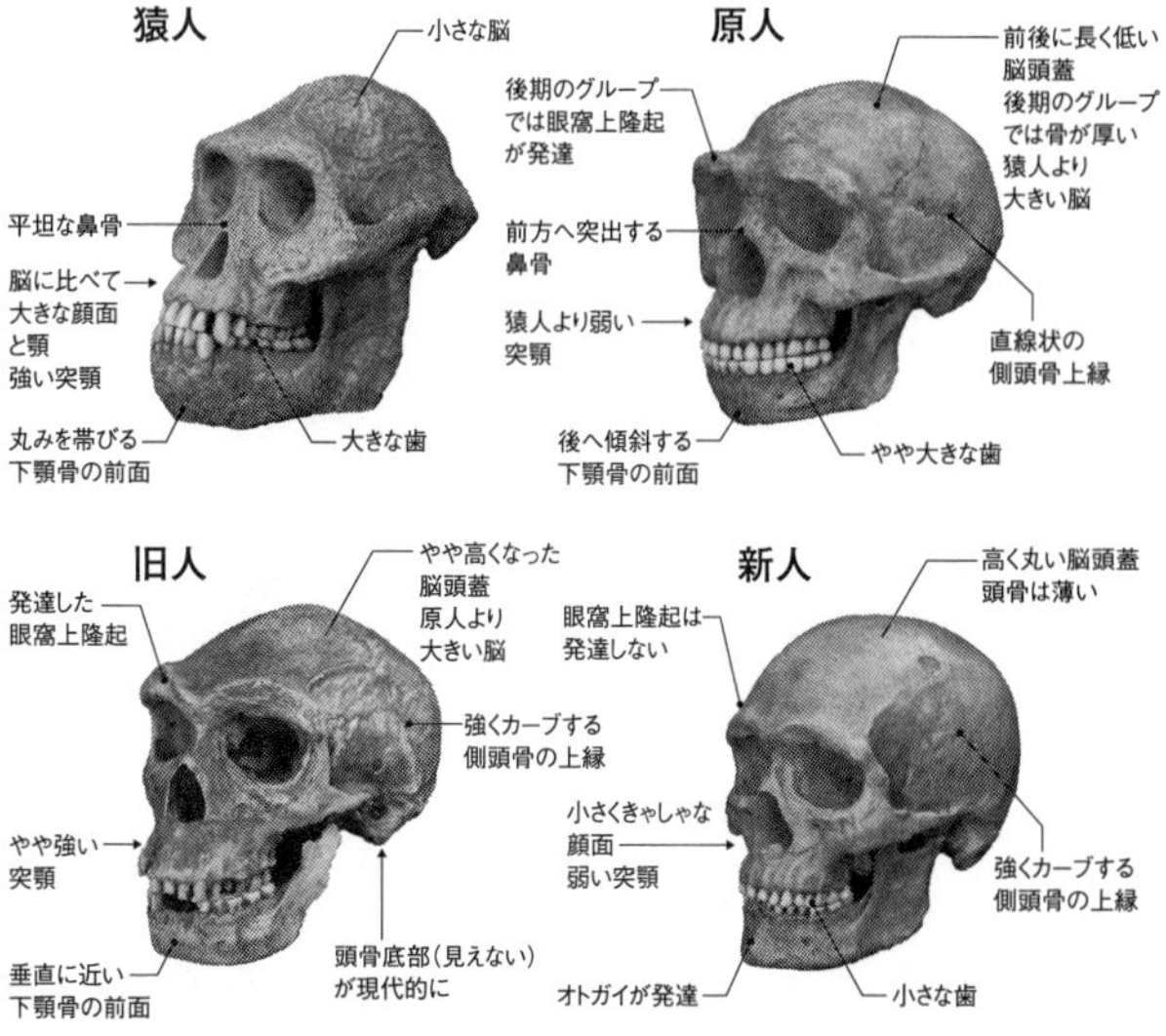

図 5-2　頭骨形態の比較。国立科学博物館の常設展示パネルを改編。
写真提供：国立科学博物館。

立場を生んだのでしょうか？　これを理解するには、人類の脳進化がどのように起こり、私たちの脳はなぜ大きくなったのか、そこにはどんな条件や障害があったのかを調べていく必要があります。

図５－１は、７００万年前から現在に至る、人類の脳サイズ増大の過程を示したものです。２００万年前までに明確な変化が現れて、そこであたかもスイッチが入ったかのように脳の大型化がはじまったことがわかりますね。このスイッチが入って脳が大型化していった人類を、**ホモ属**と定義します。そして日本語の一般用語として、

ホモ属の初期の原始的なグループを**原人**、そこからもう少しヒト化が進んだグループを**旧人**、そして私たちホモ・サピエンスのことを**新人**と3つに分けて整理しています。

つまり原人はホモ属出現期の人類ということになりますが、そこでは脳サイズの増加だけでなく、歯と顎の小型化と、それにともなう顔面の縮小と後退という変化もはじまりました（図5－2）。つまり原人は「頭部と顔面のヒト化」がはじまった人類ということになりますが、本章ではその原人を中心に話を進めていきます（図5－1の原人の脳サイズ進化についてはフローレス原人やホモ・ナレディといった例外がありますが今は気にしないでください）。

氷河時代のはじまりと原人の出現

アフリカで原人が出現した300万～200万年前は、地球環境史においても人類史においても、特別な時期でした。260万年前頃を境に、地球は**第四紀氷河時代**と呼ばれる時期に入ります。それは数万年から十数万年間続く寒い**氷期**と、その間に挟まる1万年ほどの温暖な**間氷期**が繰り返し訪れる時代で、そのつど極域や高山で、氷河やそれが合体した氷床が、大規模に拡大したり縮小したりを繰り返すようになりました。ちなみに現在は、その中の間氷期に位置づけられています。

なぜこうした周期変動が起こるかというと、それは天文学的な理由によるもので、地球の公転軌道や自転軸のぶれなどが影響して地球に入射する太陽熱が変動することが主因です（ミランコビッチ・サイクル）。一方で今の氷河時代が260万前頃にはじまった引き金の1つとなった出来事は、大陸移動とそれに伴う海流系の変化だったと考えられています。この頃、プレート運動により北へ移動していた南アメリカ大陸が北アメリカ大陸と接続し、パナマ地峡が形成されます。これにより、それまで連絡していた太平洋と大西洋が分断され、大西洋ではカリブ海を流れる巨大な暖流（湾流）が北上。その結果、暖まった海から発生した大量の水蒸気が大西洋の北方に押し寄せ、現在のカナダの全域以上に相当する広大な陸地が、巨大な氷床で覆われるようになりました。

この氷河時代の影響は、遠く離れた人類進化の舞台アフリカにまで及び、猿人たちが暮らしていた東アフリカの森林を直撃しました。土壌中の安定同位体と呼ばれる環境指標の変化や、草原性の哺乳動物が増えていく傾向などから、森林が次第に減り草原が拡大していった様子が読み取れます。

このように人類活動とは無関係に起こった環境変化の中で、猿人たちも生き方を変えざるを得なくなったのでしょう。この時期の東アフリカでは、非頑丈型猿人が姿を消し、代わって新たな2つの人類が現れました。一方は、前回少しだけ登場した頑丈型猿人です。そしてもう1つが、猿人より脳が大きくなった原人でした。原人以降の人類を、学名ではホモ属に含めます。**つまり私たちホモ・サピエンスに至るホモ属の歴史が、ここからはじまることになります**。

300万〜180万年前頃の人類化石は断片的なものが多いため、出現期の原人についてはよくわかっていないことも多くあります。代表的な**ホモ・ハビリス**（ラテン語で「器用なヒト」の意）以外に他の種がいたのか、体格はどのようだったかなどが議論されていますが、ここでは専門家の論争には深入りせず、この時期の原人をひとまとめにして《初期の原人》と呼ぶことにしましょう。この初期の原人が登場する頃に興味深い出来事が起こっているのですが、それを次に話します。

道具依存症のルーツ

人類は「道具を作って使う動物」と言われますが、そのような行為はいつ、どのようにはじまったのでしょう。チンパンジーも棒を振り回したり、小枝をアリ塚に突っ込んでアリ釣りをしたり、折りたたんだ葉を水に浸してそれを口に含んで飲んだりしますので、そのレベルの道具使用は人類進化の初期段階から存在していておかしくありません。しかし植物は遺跡の中で朽ちてしまうので、そうした行動を実証的に調べることは困難です。現代の研究者が発掘品から認定できる人類最古の道具は、石を打ち割った石器です。

広い意味での石器を使うのは、人類に限りません。ラッコが腹の上においた石に貝を打ちつけて割る可愛らしい姿を見たことがある人は、多いでしょう。西アフリカのチンパンジーは、木や石の台座の上においた硬いアブラヤシの実を、拾った石でたたいて割ります（1976年に京都大学の杉山幸丸らによって発見されました）。ブラジルのオマキザルの仲間でも、硬いヤシの実に石をぶつけて割る行動が知られています。

しかし石を割ったり磨いたりと加工して新たな道具につくり変えるのは、人類だけです。石をうまく割ると刃が得られ、ものを切り裂いたり、地面を掘ったりする作業の効率が格段に上がりますよね。しかし人類が実際にこの有用行為をはじめたのは、700万年の歴史の後半に入ってさらにかなり時間が経過してからでした。

現時点で知られる世界最古の石器文化は、**ロメクウィアン**（**ロメクウィ文化**）と呼ばれるもので、ケニア北部のアファール猿人が生きていた330万年前の地層から発見され、2015年に報告されました。ロメクウィ文化の石器は、石を地面にある別の石に叩きつけて割るといった技法で作られています。しかしそれから何十万年という間、アフリカでは石器が使用された証拠が見つかっていません。いずれこの空白を埋める発見がなされるのか、あるいは猿人の石器使用は散発的だったのか、答えを知るためにさらなる調査が待たれます。

260万年前以降になると様相が変わります。この頃からエチオピアやケニアの複数の場所で、**オルドワン**（**オルドヴァイ文化**）と呼ばれる石器が見つかるようになるのです。オルドワンの典型的な石器は、片手に握った円礫《えんれき》に、もう一方の手で握った石をハンマーのように打ちつけて、2～5㎝の剝片を数回はぎ取ることによって作られます。チョッパーあるいはチョッピングツールと呼ばれるこのタイプの石器は、かたちに規格性がない不定形の単純な石器でした（図5－3）。この製作作業は単純とはいえ、石のある部分をある角度で力を調整して正確に狙って打つ必要があり、カンジという名の〝天才〟ボノボに教え

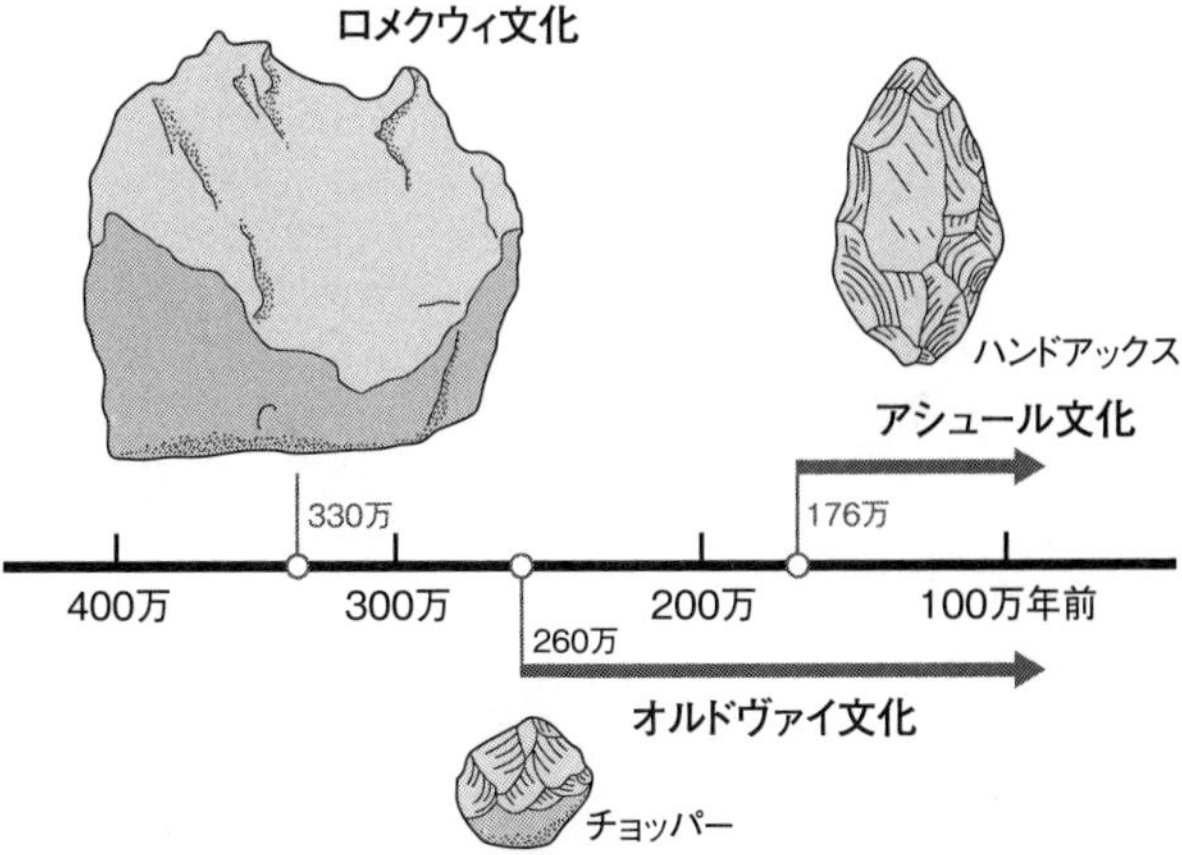

図5-3　初期人類の石器文化。オルドヴァイ文化とアシュール文化は出現後も連綿と続いたが、ロメクウィ文化についてはまだ不明な点が多い。
これらを総称して**前期旧石器文化**という。

ても習得できなかったことが報告されています。

　二六〇万年前以降、こうした石器文化が東アフリカ（エチオピア、ケニア、タンザニア）で連綿と続くようになります。この石器文化は二〇〇万年前までに北アフリカ（アルジェリア）や南アフリカ（南アフリカ）、後述しますがさらにアジアにも広がり、やがて「人類化石が出る場所にはほぼ必ず石器がある」、あるいは「人骨化石は見つかっていなくても、石器があるから人類がいたことがわかる」という状況を迎えるほど、石器が普遍的な存在になっていきました。

　これは、人類が石器を常習的に使うようになり、この道具に依存しはじめたことを物語っているのでしょう。**私たちホモ・サ**

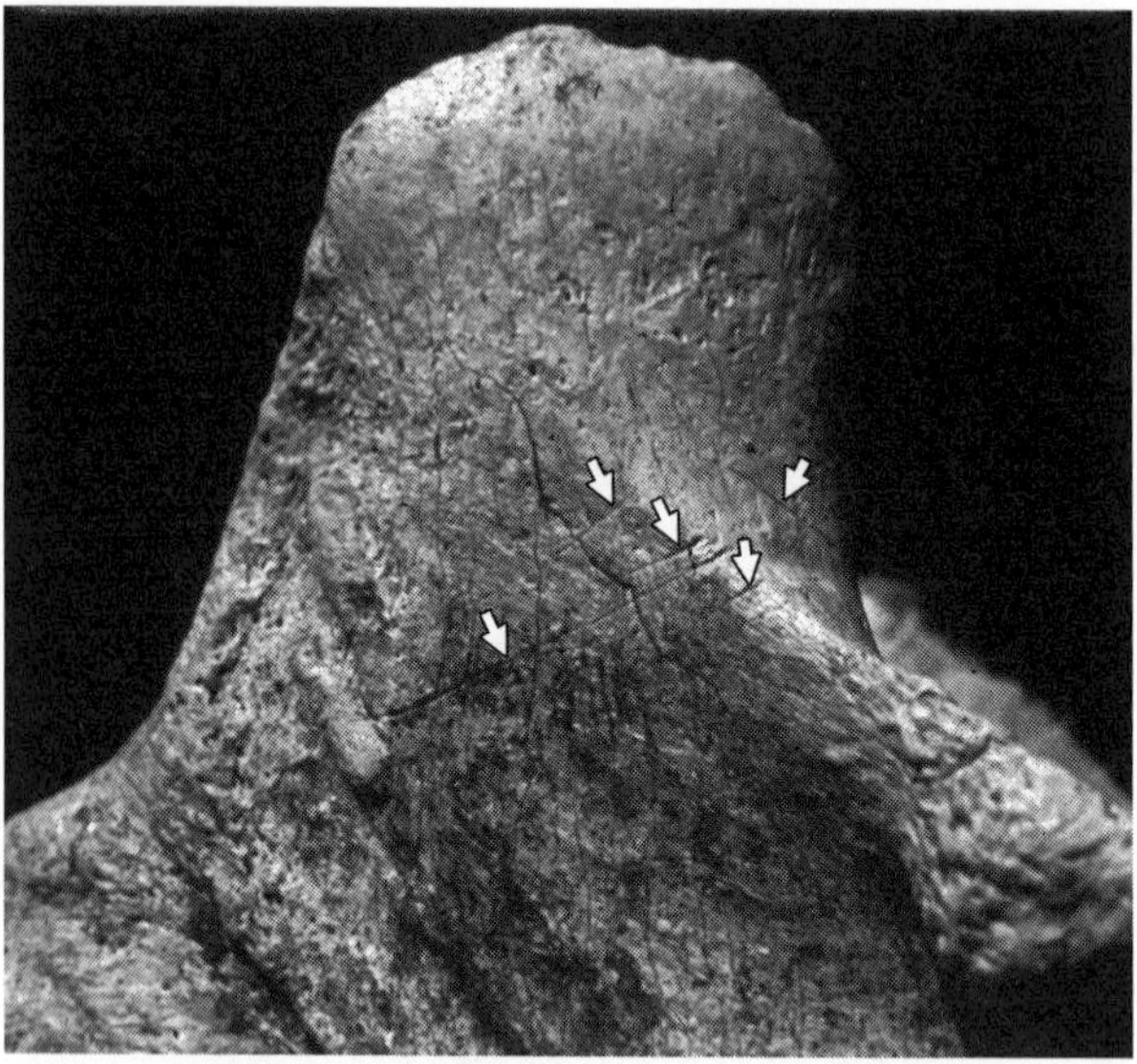

図 5-4　大型動物の背骨につけられた石器によるカットマーク（矢印）。平行についた傷痕は、同じ方向に切りつける動作が繰り返されたことを物語っている。エチオピアのコンソ遺跡で発掘された140万年前の化石。写真提供：諏訪元。

ピエンスは、どんな暮らし方であれ、生きるために種々の道具を必要とする道具依存症の霊長類ですよね。この習性のルーツは、どうやら初期の原人にさかのぼることになりそうです。

骨の傷が語るもの

東アフリカにおいて石器が目立つようになった頃、もう1つ興味深いものが見つかるようになりました（図5－4）。こちらはこの時期の動物の化石骨なのですが、表面に線状の傷がついています。何だと思いますか？

「これはもしかして石器によるものでしょうか？」

その通りです。ライオンなどが咬んだり、ゾウが踏んだりしたときにも骨に傷がつきますが、これだけ鋭く、同じ向きに繰り返しつけられた切り傷は石器以外に考えられません。同様に、動物の化石骨の中に、石を叩きつけて砕いたときの破砕パターンを示すものが見つかるようになります。つまりどういうことでしょう？

「原人が動物の肉を食べたのでしょうか？」

そう。これらは、人類が石器を使って動物を解体した痕跡です。石器による切り傷をカットマークといいますが、関節付近につけられているものも多く、それは筋を切除する目的であったことをうかがわせます。骨を砕くのは、骨の中の空洞には骨髄という脂肪組織があって、それが栄養になるからです。ハイエナのように強大な顎で骨をかみ砕けるわけでない人類が、道具を使って、それまでできなかったことをできるようにしたわけです。

このような200万年前頃の解体痕のある動物骨は、小~中型の草食獣に限らず、サイやカバなどの大型獣、カメ、ワニ、ナマズのような水辺の生き物などにも及んでいます。これらを人類が自分で狩ったのか、食肉類が仕留めた獲物を横取りしたのか、あるいは食肉類が去った後のおこぼれだったのかはなかなか判別することが難しく、専門家の間で論争が続いています。オルドワンの石器がとても単純で、刺突できる狩猟具のようなものがないことを考えれば、少なくとも初期の原人は優秀なハンターなどではなかったでしょう。

そこはわからなくとも、260万年前頃から、霊長類としては他に例を見ない積極的で組織的な**肉食**がはじまったのは、特筆すべき出来事です。チンパンジーやヒヒも、時折ですが好んで肉食をしますので、初期の猿人や猿人も、そのような性向を持っていた可能性は高いと思われます。しかし第2章で、ホモ・サピエンスはそれとは別次元のスーパー雑食動物だという話をしたのを思い出してください。初期の原人で起きた肉食行動の顕在化は、人類が真の雑食動物となる道を歩きはじめる転換点だったと言えそうです。

さらにもう1つ付け加えるとすれば、肉食に当たっては、しばしば食物の**分配**が生じることも興味深いポイントですね。動物の肉はそれなりの量があって、自分だけで占有するようなものではありません。チンパンジーも普段は個食をしますが、小型のサルやレイヨウを捕まえたときは、消極的ながら群がってくる仲間に切れ端を与えたりします。原人たちの場合がどんな様子だったかは想像の域を出ませんが、チンパンジーよりも友好的あるいは平等に、肉の分配が行われていた可能性もありそうですね。

石器と肉食と脳と歯

さて次に注目したいのは、原人の出現とともに石器が普遍化し、肉食行動が顕在化したようにみえる事実です。**原人は猿人と比べて脳サイズが増し、歯と顎が小型化する**など、頭部にヒト化の傾向を示します。この4つ、つまり石器、肉食、脳、歯の変化が同期しているのは、これらの間に何らかの相互関連性があることを疑わせます。

では考えましょう。その関連とはどのようなものでしょうか？　先ほど、「石器を使った解体によって肉食が容易になった」という説明をしましたが、そのように「AがBにこう作用した」という関連性を、思いつくだけ挙げてみてください。

「脳が発達したから、石器を作れるようになったのではないでしょうか。」

それはありそうですよね。逆に石器の重要性が増したとき、それは脳をさらに進化させる選択圧にもなり得たでしょう。

「脳が発達して、知能によって動物の肉を得られるようになったんだと思います。」

そう思えますよね。人類は身体能力だけで獲物を倒したり他の食肉類と争ったりはできませんから、頭脳でカバーしたはずです。ところで歯の小型化についてはどうですか？ 何がそうさせたのでしょう？

「石器を使うので、歯を使うことが減ったのではないでしょうか。」

そうです。食物の切断や粉砕という歯の役割の一部を石器で代用すれば、歯は小さくてもよくなります。それと肉食も歯の縮小と関連しているかもしれません。一般に草食動物の歯は大きく、肉食動物の歯は小さい傾向があるのですが、それは摩耗性が高い草を食べていると歯がどんどんすり減ってしまうからです。原人は肉食専門になったわけではありませんが、肉食の頻度が増えれば歯を大きくする必要性も薄れます。

では肉食と脳の関係について、もう少し考えましょう。知能を使って肉獲得の成功率を上げるという話が出ましたが、逆に、肉食にシフトしたことが脳増大の道を開いたという仮説があるのです。どんな仮説か想像できますか？

「……」

それは**高価な組織仮説**（expensive tissue hypothesis）と呼ばれ、１９９５年にイギリスの研究者が提唱して有名になりました。草食動物と肉食動物の姿を思い浮かべて下さい。ウシやウマやゾウのお腹は大きいですが、ネコ科やイヌ科はスリムですよね。これは、植物から栄養を搾り取るためには長い腸が必要になるのに対し、肉の消化にはそれほど長い腸は必要ないからです。原人では肉食が増えて腸を短縮できたとすると、今まで腸の活動に費やしていたエネルギーが余りますから、それを脳に振り替えられるようになります。脳は維持にコストのかかる〝高価な組織〟なので、簡単には増やせないんですが、この仮説は肉食がエネルギー収支問題を解決したと説明するわけです。原人では脳の増大化にベネフィットつまり利益があり、他方で肉食によってそのコストを支払えるようになったため、脳の増大が実現したと考えられます。

「何だか経済学みたいですね。」

そうですよ。進化は経済と似ていて、コストとベネフィットのバランスで方向性が決まります。これは進化を理解する上で、とても大事なポイントです。

何が脳の増大を引き起こしたか

さて、原人の出現とともに現れた4つの事象が、互いに無関係ではないことがわかってきましたね。ここで考えたいのは、脳増大の道を開いた肉食行動を、どうして原人がはじめたのかです。この行動変容を誘導した因子は、何だったと思いますか?

「氷河時代と関係するのでしょうか?」

よく気づいてくれました。第四紀氷河時代の開始とともに、東アフリカでは総じて乾燥化が進み、森林が減少して草原が広がったことを話しましたね。そこに暮らしていた猿人たちは、植生が変化していくなかで食物の変更を強いられたはずです。その解決策の１つが肉食の強化で、そうしたグループが原人へと進化したのでしょう。一方、それとは別の解決策として臼歯と顎を大型化させ、草原の植物を主に食していたのが頑丈型猿人だったと考えられます。

そうなると、２つの人類はどうしてそれぞれの選択肢をとったのかが問題になります。この後ホモ属はさらに脳を進化させて繁栄を遂げ、頑丈型猿人は１４０万年前頃に絶滅しますので、「なぜ頑丈型猿人は道を誤ったのか」と問いたくなるかもしれません。しかし冷静に考えれば、当時の人類が１００万年後の子孫たちのことを考えて対応策を決めるなんて、あり得ないですよね。そもそも肉食にシフトすれば幾世代も後の子孫の脳が大きくなるなんて、予測できるわけがありません。それぞれのグループが暮らしていた場においてそれぞれが現実的にとれる解決策をとった結果が、２つの人類の分岐点になったと考えるのが自然でしょう。

つまり原人（ホモ属）と頑丈型猿人（パラントロプス属）を進化させたのは、地球規模の気候変動です。ホモ属はそこで知性向上への扉を開けたのですが、それは自身の努力とか先見性が実を結んだのでは決してなく、環境変化に翻弄されるうちに偶然開けた道と考えるべきでしょう。

走って投げて新たな石器をつくった原人

さて、原人が出現してから100万年近く後の話に移りたいと思います。170万年前頃の東アフリカに、脳がさらに大きくなり、大柄な体格の持ち主の新しい原人の種が出現しました。多くの研究者はこのグループを**ホモ・エレクトス**と呼んでいるので、ここでもそうすることにします（図5－5）。ただしホモ・エレクトスはアジアのグループに対する名で、アフリカのグループは別種のホモ・エルガスターに分類する考えもあります。混乱を避けて種名を使わないなら、彼らのことを「初期の原人」に対する「後期の原人」と呼ぶこともできるでしょう。

猿人や初期の原人と比べて、ホモ・エレクトスは次のような特徴を持っていました。

・脳容量は猿人から倍増し、ホモ・サピエンスの3分の2程度の800〜1200ccほど。
・脳頭蓋は前後に長く、平らで、後頭部が強く屈曲する（図5－2）。
・顔面の眉に相当する部分に、眼窩上隆起と呼ばれる厚みのある庇《ひさし》状の骨構造が発達。
・類人猿や猿人で平らだった鼻骨が、ヒト的な膨隆傾向を示すようになった。
・成人男性なら身長180cmを超えることも稀ではないほど、身体が大型化していた。
・特に脚が長くなり、直立二足での運動効率が増した。
・肩の構造が変化し、上腕骨が肩甲骨の斜め上でなく真横につくヒト的な姿勢になった。
・対称性が見事なハンドアックスという石器を含む、**アシュール文化**と呼ばれる新たな石器文化を発達させた（図5－3）。
・アフリカだけでなく、アジアにも分布域を広げていた（そのタイミングについては後述）。

以上は、化石骨や石器などから直接的に検討できる要素ですが、これらにさらなる検討

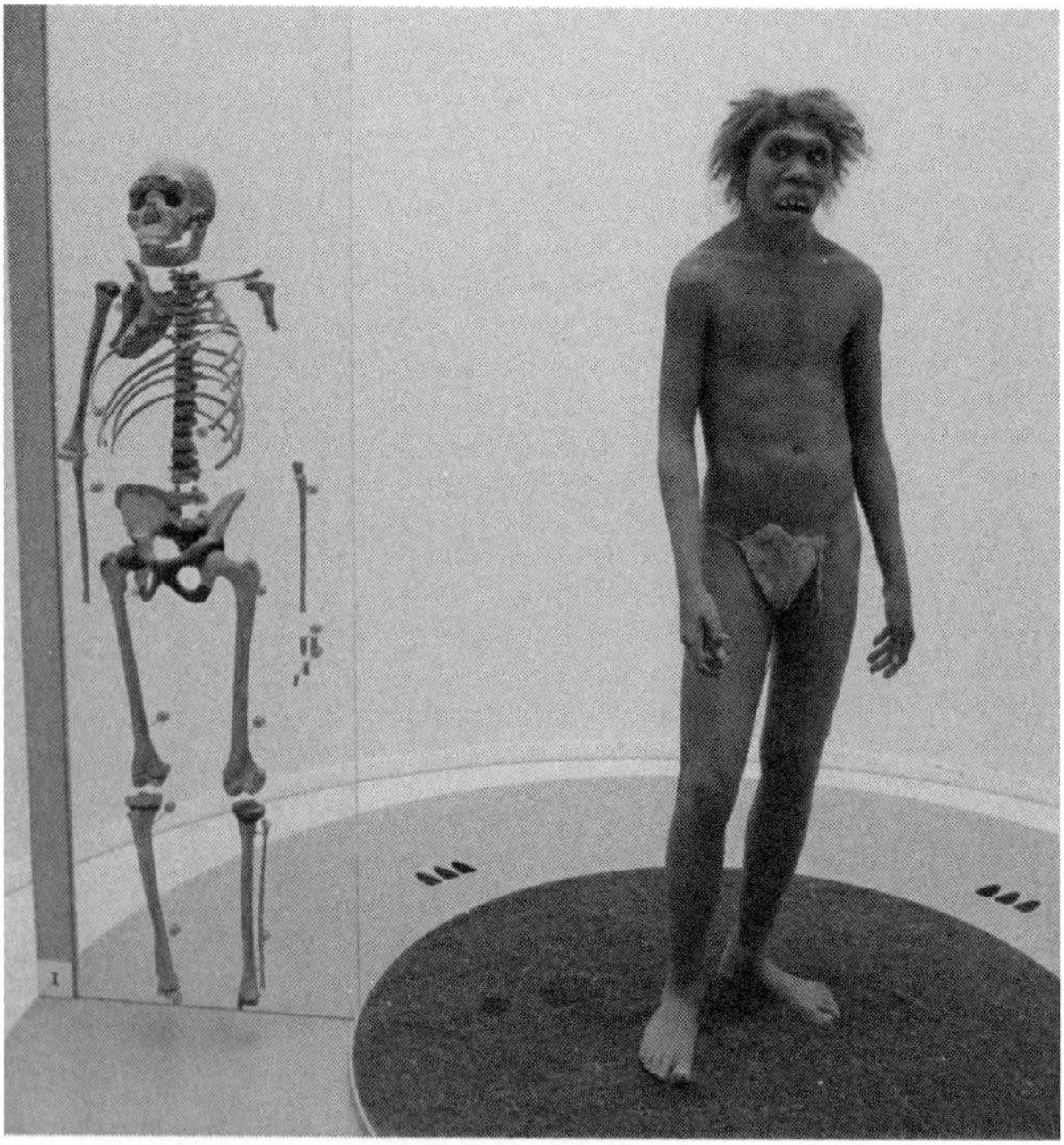

図 5-5　ケニアで発見されたトゥルカナ・ボーイと呼ばれるホモ・エレクトスの少年の骨格模型と復元像。復元製作は Elisabeth Daynes 氏。
フランスの Musée national de Préhistoire にて著者撮影。

を加えて、ホモ・エレクトスのもう少し具体的な姿をあぶり出してみたいと思います。まず考えて欲しいのですが、動物としてのホモ・サピエンスは、体力面で優れた点はあまりなさそうですね。ホモ・サピエンスの世界的アスリートであっても、短距離走ではネコに負けるし、ジャンプ力もシカの比ではないし、パワーではゴリラやクマにかないません。

しかしそんな我々でも、動物界の中で秀でている運動能力がいくつかあるのです。何だと思いますか？

「……」

1つは**長距離ランニング**の能力です。意外かもしれませんが私たちは持久走がとても得意な動物で、同じく長距離を走る高い能力を備えたウマともいい勝負ができるそうです。42歳のアメリカ人ランナーのトム・ジョンソンは、２００２年にアラビアの砂漠で競走馬と80キロメートルのレースを行って、５時間45分の死闘の末、なんと10秒差で勝ったそうですよ。

さて、この意外なヒトの能力は、筋骨格系において**靭帯を発達させた**ことと、**発汗機能の進化**に起因したと考えられます。筋は細胞組織で、使い続けると疲労します。しかし筋を骨につなぐ靭帯は繊維組織なので疲労しません（あまり酷使すると損傷しますが）。靭帯は伸びたときに弾性エネルギーを溜め込んで、もとの状態に戻ろうとしますので、それを身体の要所にうまく配置してやると筋を酷使せずに歩き続けられるようになります。

例えばダチョウは長い首を高く掲げていますが、あれを筋で支えていたらたいへんです。

ダチョウは脊柱から頭部までを太い靭帯でつなぎ、それで頸を立てています。同様の原理で、ヒトは足首のアキレス腱や足の裏など、脚部の各所に靭帯をうまく配置し、歩行を楽にしているんですね。これが走行時も効きます。マラソンでよい走りをするというのは、靭帯をうまく使う走り方ができるか、という話でもあるわけです。

断片的な化石骨から靭帯配置の詳細を復元するのはなかなか困難なのですが、ホモ・エレクトスでは脚の伸長をはじめ体型のヒトらしさが増していますので、多くの人類学者が、この時点でそうした機能が進化したのだろうと考えています。

一方、運動し続けるとどうしても体熱が上がり、それがある臨界点を超えれば動物は死に至ってしまいます。そこで第2章で話した汗が絶大な効果を発揮することになります。外気温が30度くらいまでなら、皮膚表面の血管を拡張したり強く息を吐いたりすることである程度体熱を下げられるのですが、それ以上になると汗の役割が一気に増します。

熱帯アフリカのサバンナで激しい運動を続ければ身体に熱がたまり、いずれオーバーヒートして倒れてしまいますよね。毛皮をまとい汗をかかない他の哺乳動物たちは、体熱の放散が不得意なので、日中のそうした運動を制限しています。ライオンなどアフリカの肉食獣の活動は夕暮れか明け方がピークで、日中はごろごろしていることが多いというのは、そんな事情にもよるわけです。しかし人類はどこかの時点で、汗で体温上昇を防ぎながら、熱い日中に相手がオーバーヒートするまで持久戦で追い詰めるという、他の動物には真似できない行為を発達させました。

ここで再び、人類が霊長類であることが関係してきます。真猿類は昼行性で、類人猿たちも日中に活動して夜は寝るという生活を送っています。人類も現在に至るまでその遺産を受け継いでいますので、猿人や原人も昼行性だったはずです（電灯の発明によって現代ではそうでない個人も現れましたが）。そうなると、人類は日中に草原で走り回ろうとしたが故に極度の熱ストレスにさらされ、根本的な解決法が必要となって発汗が進化したという仮説が導かれますね。以前から草原に適応していた他の哺乳動物たちは、日中は活動を控えることによってこの問題を避けていましたが、人類はそこに正面からぶつかって独自の適応を果たした、と言えそうです。直立姿勢は日差しを浴びる体表面積を最小限にしますので、そのことも人類の活動に有利に働いたでしょう。

さて、化石骨から発汗を語るのは難しいですが、ホモ・エレクトスはかなりヒト的な体型をしていましたので、その生理面もヒトに似ていて、汗をかいていた可能性は高いと考えられます。発汗と体毛の衰退はセットで進化したと予測されますから、ホモ・エレクトスはその面でもヒトらしさを増した人類だったはずです。

ヒトに特有で、ホモ・エレクトスが進化させたと思われる運動能力は、他にもあります。

陸上競技で考えたら、例えば何でしょうか？

「槍投げとかでしょうか？」

そう、**投擲**《とうてき》競技です。私たち現代人は、腰の回転も利用しながら、上手投げで物体を遠くへ正確に投げることができます。槍投げや野球で見るこの運動は、肩関節の自由度が制限され、手で物体を精密につかめない他の動物たちには真似できません。チンパンジーも石とか糞とかを投げつけることがありますが、基本的に下手投げで、ぎこちなくて正確さを欠きます。ホモ・エレクトスの肩の構造はかなりヒト的なので、現代人ほどだったかはともかく、高速な上手投げができたと考えられています。この時期に槍が存在した証拠は見つかっていませんが、遠くから正確に石が飛んでくるだけでも、他の動物たちには脅威となったでしょうね。

石器も要注目です。ホモ・エレクトスの出現期に登場したアシュール型**ハンドアックス**と呼ばれる石器は、オルドワンの不定形の石器と違って見事な対称性を示し、製作者の事前の意図が強く感じられるデザインになっています（図5－3）。この石器は、動物の解体から土掘りまで多様な作業に使われたと考えられています。このようにホモ・エレクトスは、脳も体型も行動も、一気にヒトらしさを増した存在でした。

出アフリカとアジアの原人たち

では次に、話が数十万年逆戻りするのですが、人類最初の**出アフリカ**について話しましょう。700万年の人類進化史の大半は、アフリカ大陸内で起こったことを話しましたね。その人類がはじめてユーラシアに広がったのは、誕生から7割以上の時間が経過した200万年前頃のことでした（図5－6）。

現時点でユーラシア最古の人類の痕跡は、中国北部の藍田《らんでん》（210万年前）や、コーカサス地方にあるジョージアのドマニシ遺跡（185万年前）から報告されているオルドワンの石器です。その石器製作者が誰だったのか、ドマニシ遺跡の177万年前の地層から見つかった原始的な原人化石が、そのヒントを与えてくれます。

ドマニシは「よくぞ見つけてくれた」と言いたくなるような素晴らしく保存のよい遺跡で、少なくとも5個体分の原人と、ダチョウ、サイ、クマ、剣歯ネコと呼ばれる体長2メ

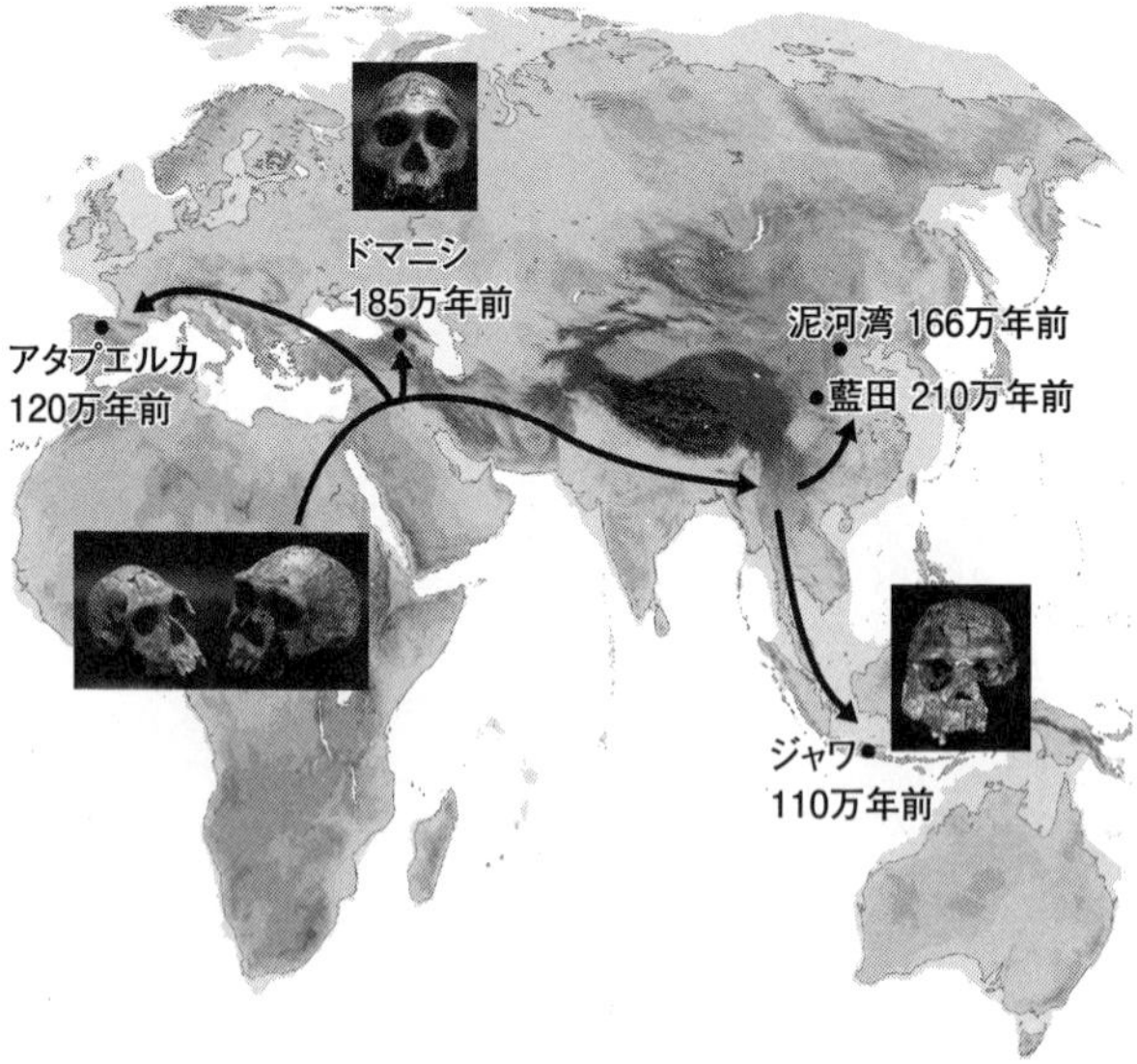

図5-6　ユーラシアへ広がった原人。

ートルの危険な肉食動物などの化石、そしてオルドワンの石器が見つかりました。そこはおそらく、水場に集まる動物たちとそれを狙う肉食獣と原人が、争った跡なのでしょう。

　ドマニシの原人は、調査した研究者によってホモ・エレクトスに分類されましたが、実際はホモ・ハビリスとホモ・エレクトスの中間的特徴を示していました。つまりヒトらしさが顕在化したホモ・エレクトスよりも少し前の、原始的な原人の段階で、人類史上はじめての出アフリカが起こっていたことになります。

原人がこのタイミングでアフリカの外へ広がったことは、動物生態学の一般的原則と矛盾しません。一般に、草食動物の分布域は食している植物の分布域に制限されますが、肉食動物は獲物にこだわらなければ、より広範囲に分布できます。原人がユーラシアへ広がったのは、おそらく草原環境への適応が進み、肉食の成功率が上がってきたことを反映していると考えられます。

原人はユーラシア東部へと比較的速やかに広がったようですが、この時期の化石や石器はまだあまり見つかっておらず、アジアにおける原人の進化史にはいくつもの謎が残っています。有名な**北京原人**（75万〜40万年前）や**ジャワ原人**（１１０万〜10万年前）は、それぞれ中国北部とスンダランド（当時大陸の一部であったジャワ島周辺）にいたホモ・エレクトスの地域集団とみなされますが、互いの関連性などはあまりよくわかっていません。

さらに東南アジアにいた原人の一部集団は、１００万〜70万年前頃に、狭い海を越えて近隣のフローレス島（**フローレス原人**：図５－７）やルソン島（**ルソン原人**）にも渡り、そこで身長１０６cmほどに矮小化する特殊な進化を遂げました。ジャワ原人でも身長１６５cmほどはあったと考えられるので、この小型化は衝撃的です。フローレス原人の脳サイズがチンパンジー並みの小ささ（知られている1個体で４２６cc）であったことも、大きな驚きでした。大陸では右肩上がりに増え続けていたホモ属の脳サイズが、孤島では逆に縮小し

図5-7　フローレス原人の実物大復元模型（左：国立科学博物館常設展示の画像を同館より提供）と大きさの比較のための現代人（右：身長160cm）。
この原人と一緒に見つかった小型化したゾウ、巨大なハゲコウ（屍肉食性のトリ）、巨大なトカゲ（コモドオオトカゲの中型の個体）、巨大なネズミも実物大で展示してある。

ていたのです（図5－1）。

　ユーラシア大陸の西端つまり現在のヨーロッパにも、まだ素性はよくわかっていませんが、120万年前頃までにオルドワンの石器を携えた人類が進出していました。

　こうして原人の分布域は、アフリカから遠く離れたユーラシアの東西へと拡大していきました。そのことの意味は、後でまた考え直すことにしますが、ここでは**原人の地理的拡散が起こり、その結果、多様化が起こった**ということを覚えておいてください。

限界を超えて大きくなり続けた脳

　では再び図５－１を見てください。脳が縮小したフローレス島の原人などは例外として、大陸では原人の登場以来、旧人に至るまで脳がぐんぐん増大していったことがわかりますね。実はこの中で、人類はある大きな壁を、かなりの無理をして乗り越えたことがわかっています。20世紀中頃にその謎の解明に大きく貢献したスイスの生物学者、アドルフ・ポルトマンの仮説を説明するため、ここで出生と赤ちゃんの話をします。

　皆さんは、ヒトの赤ん坊は母親の産道ぎりぎりの大きさまで成長して出てくるため、ヒトでは母子とも妊娠出産の負担が重く、出生はときに二人の生命に関わるほどの危険を伴うことを知っていますね。一方でその割には、ヒトの赤ん坊はとても未熟な状態で生まれてくるという矛盾があります。

　どういうことかと言いますと、霊長類を含む多くの哺乳動物の子は、母胎内である程度自立できる状態まで成長してから出生します。例えば生まれたての子ウマは１時間ほどで立ち上がり、母親の後をついて歩くようになります。サルたちの母親は移動するとき赤ちゃんを運んであげるのですが、子を抱っこしながら木登りしたりできませんので、赤ちゃんは親の体毛に自力でしがみつきます。つまりサルや類人猿の赤ちゃんは、それだけの力強さと自立性を持っているわけです。これは危険に満ちた野外で生きる上で当然のことでしょう。これらの動物たちは1頭1頭の子の成長をじっくり待つため、母親は子をたくさん産むことはできません。

この対極にあるのがネズミやモグラの仲間などで、安全な巣穴の中で未熟な状態の赤ちゃんを多数生む傾向があります。こうした動物の新生児はまだ毛が生えておらず、眼や耳は閉じていて、動くことや体温調節もうまくできません。ところが私たちヒトの新生児も、無力で頼りないですよね。大量の子を産まないという点においてヒトはネズミと違いますが、なぜヒトの新生児は未熟なのでしょう?

ポルトマンは出生後の成長を観察することにより、ヒトの赤ん坊は、1歳の時点でようやく他の哺乳動物にとっての新生児段階まで成長が追いつくことに気づきました。つまりヒトの1歳時に見られるあんよの開始や、手先でものを操作するなどの自立的行動は、他の多くの哺乳類が新生児段階で行えることです。それに気づいた彼は、「ヒトは本来あるべき妊娠期間を1年前倒しにしている」と言い出したのです!

生理的早産（**二次的就巣性**）と呼ばれるこの仮説は、次の神経学的データとも合っています。哺乳類では脳の大きさと母親の妊娠期間に、一定の関係があります。この法則をヒトに当てはめると妊娠期間は21ヶ月という計算になるのですが、実のところは9ヶ月程度ですから、ポルトマンの予測どおり、妊娠期間を1年短縮していることになります。また霊長類の脳の成長速度は、母胎内では速く、出生後にスローダウンするのですが、ヒトでは生後1年の間、胎児期と同様の速い脳成長が続くことがわかりました。

その後さらに研究が進んで、最近では次のように解釈されています。当初ふつうの霊長類の成長様式で脳を拡大させてきたホモ属は、ある段階で、２つの観点から脳サイズの臨界点に行き当たってしまいました。１つは母親の栄養的コストです。いくら大事に育てるといっても、どんどん成長する胎児をいつまでも母胎内で養ってあげることはできません。もう1つは産道サイズです。赤ん坊の頭が大きくなり過ぎて、産道を通れない限界に到達したのです。人類は直立二足歩行するために腰の幅をあまり広げられず（広げてしまったら歩行が不安定化します）、従って母親の産道をあまり大きくできません。

そこから人類は、胎児のような状態の赤ん坊を産むようになりました。その赤ちゃんは未熟だけれども、出生後もしばらく胎児同様の速い脳成長を続けるので、臨界点の制約を超えて、さらに脳を大きくすることが可能になりました。それは母親の難産に加えて、未熟な赤ん坊の世話という新たなコストを生じる選択でしたが、それを上回るメリットがあったということなのでしょう。人類は脳を大きくするために、こんな無茶をしていたのです。

　では、人類進化のいつの時点でそのような臨界点がやってきたのでしょう？　残念ながら、この謎はまだ決着していませんが、それは原人か旧人のどちらかの段階であったようです。生理的早産の代償は、母子に多大な負担をかけるお産と、大きな脳へのさらなる栄養確保と、未熟な子の世話です。しかしホモ属の人類は、それでも脳の増強へと突き進みました。そこには、脳の重要性がかつてないほどに増し、かつこれらのコストを支払えるようになった、直立する元サルの姿をみることができます。

　栄養問題の解決には、効率性が増した狩猟技術があったのかもしれません。そして育児コストの解決には、父親の育児参加があったのかもしれません。そして長く手間のかかる幼少期というものを通して、人類はコミュニケーション能力、家族の絆、社会性といったものを、より一層強めていったとも考えられます。

火と調理の起源

ギリシャ神話において、天界の火を盗んで人類に与えたプロメテウスの逸話にもあるとおり、火があるとないとでは、私たちにできることが全く変わります。

火は食材を美味しくするだけでなく、殺菌効果を持ち、食物を消化しやすくします。つまり、健康面での恩恵があるだけでなく、栄養摂取を効率化して脳のさらなる増大にも貢献したはずです。火は暖にも灯りにもなり、肉食動物を遠ざけてくれますし、石などの素材に好ましい変化を与えて道具製作を容易にもします。狩猟民は森林に火入れして狩場の状態と見晴らしをよくしますし、農耕民は畑作に利用しました。火はさらに冶金《やきん》や宗教儀式にも利用され、文明誕生の呼び水ともなりました。

では人類はいつ頃から火のコントロールを学んだのでしょう？　野外調査で初期人類が火をコントロールした証拠を探すのは、自然の野火による焼け跡との区別が難しいため、なかなか困難です。そのような難しさがある中、火の使用跡と思しき焼け跡が、アフリカの１５０万～１００万年前の遺跡、イスラエルとスペインの80万年前頃の遺跡、および中国の50万～40万年前の遺跡（周口店第一地点の北京原人化石を含む地層の一部）というふうに、散発的に報告されています。そのため、後期の原人（ホモ・エレクトス）が最初の火の使用者であった可能性があります。

ただし原人が火を使用していたとしても、火を起こす技術を持っていたか、落雷による野火から移して利用していたのか、火をどれくらい維持できたかなどは、全くわかっていません。火の使用が常習化の兆しを見せはじめるのは、40万年前以降のヨーロッパ、西アジア、アフリカの洞窟遺跡で、それは旧人たちによるものと考えられます。

技術力をさらに上げた旧人

最後になりますが、いよいよ**旧人**の登場です。旧人は原人と新人（ホモ・サピエンス）の間にくるグループの総称で（図5－2）、その代表格がネアンデルタール人です。よく誤解されるのですが、ネアンデルタール人＝旧人ではなく、ネアンデルタール人は旧人の1つの地域集団で、30万年前以降のヨーロッパを中心に分布していました。ネアンデルタール人が有名なのは、遺跡の保存がよいヨーロッパで化石骨や石器がたくさん発掘されており、それらが古くから研究されてきたためですが、旧人はアフリカにもアジアにもいたことを、忘れないようにしましょう。

旧人は、１００万～60万年前頃にアフリカの原人から進化したと考えられますが、この時期の化石は少なくその出現の実態はあまりよくわかっていません。旧人と考えられる化石は、その後ヨーロッパ（60万年前?）やアジア（35万年前?）でも見つかるようになります。旧人は原人よりも北へ分布範囲を広げ、アジアでは中国北部（北緯40度付近）から南シベリア（北緯50度付近）へ進出しました。しかし興味深いことに、ジャワ原人やフローレス原人が存続していた東南アジア島嶼部（スンダランドと近隣の島々）には、旧人は現れませんでした。

アジアにいた旧人の分類も未決着ですが、後述するデニソワ人のほか、ヨーロッパに分布中心があるネアンデルタール人が、一時期、南シベリアへ進出していたことがわかっています。インドや南中国でも旧人の頭骨化石が見つかっていますが、その素性はよくわかっていません。

原人と比べて旧人では脳がさらに大型化しましたが、その結果と思えるものが技術文化に表れています。特に40万年前以降のヨーロッパの旧人遺跡では、原人には薄かった〝生活臭〟が感じられるようになりました。

図5-8　大規模な発掘が続けられているフランス南部のアラゴ洞窟。石灰岩の丘の上にある洞窟開口部(右)と2014年の発掘現場(左)。

フランス南部にあるアラゴ洞窟遺跡（図5－8）はそのよい例で、そこからは、40万年前頃に洞窟を棲み家にしていた旧人たちが持ち込んだ動物の骨が、大量に発掘されています。スペインのアタプエルカにあるシマ＝デ＝ロス＝フエソス洞窟は、真っ暗な洞内の奥にあるたて穴に、大量の旧人の遺骸が投げ棄てられていました。その意図は不明ですが、それまでは放っておかれていた仲間の遺体をわざわざ運び集積する行為には、何か人間らしいものがありそうです。そして前節で述べたように、旧人の時代に火の使用頻度が増えることも、見逃せません。

こうした〝生活臭〟の濃い遺跡が原人で知られていないのは、古い時代の洞窟が崩落して遺跡として発見されにくいといったバイアスが働いている可能性もあります。しかしそうしたバイアスを

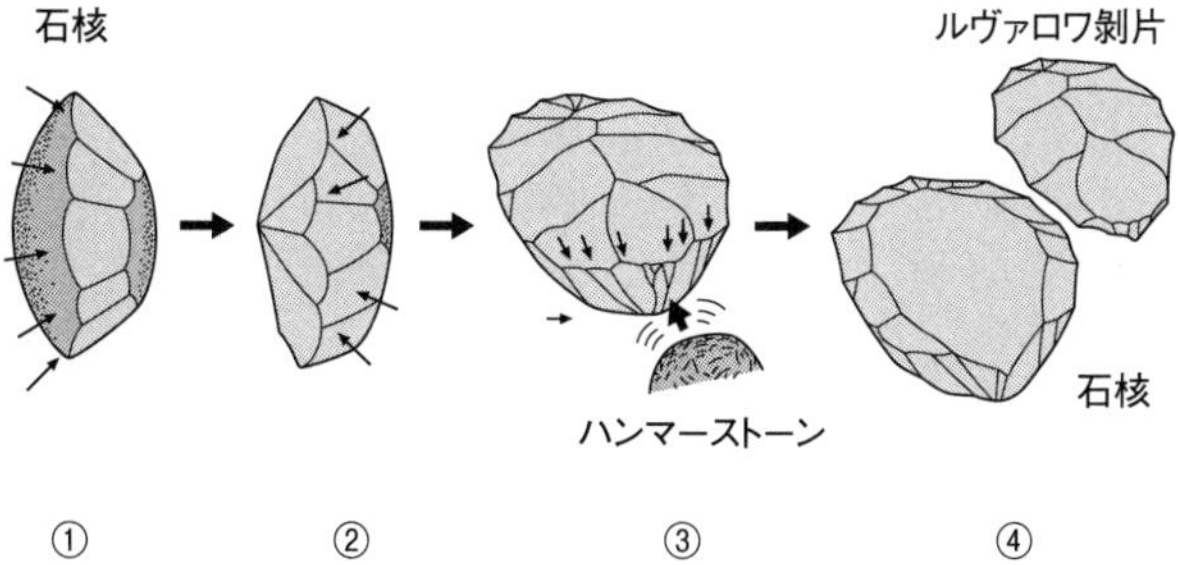

図5-9　旧人のルヴァロワ技法による剝片石器の作り方。まず小さな打ち割りを繰り返して石核のかたちを整え（①・②）、次に１つの面をつくってそこにハンマーストーンで強い打撃を加え（③）、欲しいかたちの剝片をはがす（④）。図の提供：佐野勝宏。

受けない道具技術においても、旧人は原人と比べていくつか注目すべき進歩を示していました。

初期の旧人は、原人と同様のアシュール型ハンドアックスと呼ばれる石器を作っていましたが（図5－3）、旧人のハンドアックスはより精巧で、中には洗練された美しさが感じられ、実用ではなく象徴的作品として作られたと思いたくなるようなものすらあります。

旧人の石器文化は、その後さらに進歩を遂げます。30万年前頃になると、アフリカ、ヨーロッパ、インドなどに、**ルヴァロワ技法**（図5－9）と呼ばれる新たな石器製作法を伴う、**中期旧石器文化**が広がりました。それ以前のオルドワンやアシュール文化では、石器の原材料となる元の石（石核《せきかく》）が整形されて最終的な製品になりましたが（図5－3）、新しい技法ではハンマーストーンで打って地面に落ちる剝片《はくへん》が主たる製品です。図5－9に示した手順で欲しいかたちの剝片石器

図5-10　現代的解釈に基づくネアンデルタール人の復元像。フランスのラ・フェラシー遺跡出土の男性骨格化石をもとにElisabeth Daynes氏が製作。©@atelier_daynes。

をつくり、必要に応じてそれを二次加工して望むかたちに仕上げるわけです。こうして旧人は、槍先として使う石器など、前期旧石器時代には見られなかった新しい道具をつくるようになりました。

ネアンデルタール人（図5－10）はこの中期旧石器文化を担った集団の1つで、今までに見られなかった新奇的な行動をいくつかしていたことがわかっています。彼らは、アスファルトを接着剤として石器を木の柄に装着する技術を持っていたし、動物の毛皮から脂肪分などをこそげ落とす作業もしていたし、おそらく毛皮に穴をあけたりもしていたし、樹皮の繊維を撚《よ》ったひも状のものも使っていました。さらに彼らは、（それを独自にはじめたかどうかは議論があるのですが）死んだ仲間を埋葬もしたし、末期のグループはアクセサリーで身を飾っていたともされます。

まとめ　原人と旧人の躍進と限界

〈第５章のまとめ〉

・ホモ属は３００万〜２００万年前のアフリカで出現したが、それを引き起こしたのは氷河時代のはじまりによる気候変動であったらしい。

・原人（初期のホモ属）は、人間らしさを大きく増した人類だった。原人の進化過程で、脳の増大、顔面と歯の縮退、身体の大型化、投擲に向いた肩構造の変化、石器使用の拡大と発達、肉食行動の頻繁化、火の使用などが生じるとともに、人類ははじめてアフリカの外へ広がった。アジアへ進出した原人は各地で多様化した。

・発達した脳は動物にとって唯一の繁栄条件ではないが、ホモ属の人類ではこれが功を奏した。原人は育児コストの増大という負担を背負いこみながら、生理的早産を進化させて、脳をさらに大きくした。ただし孤島へ渡って小型化したフローレス原人では、大陸におけるトレンドに逆行して脳サイズも小さくなった。

・旧人は脳をさらに大きくした人類で、この時期には西半球を中心に狩猟技術が向上し、火の使用が常態化し、新たな石器文化（中期旧石器文化）が生まれた。旧人の分布域は原人の時期よりさらに北方へ広がったが、東南アジア島嶼部には進出しなかった。

・旧人の地域集団であるネアンデルタール人の遺跡からは、毛皮の使用や死者の埋葬を含む、様々な新奇的行動の証拠が知られている。

このようにホモ属の登場とともにヒトらしさが増し、旧人では文化面でも人間らしさが目立つようになりました。旧人は新たな道具製作技術を手にし、それなりに優秀なハンターとして、自然界での強者になりつつあったと考えられます。

この歴史の中で一番注目すべきは、やはり脳の発達でしょう。大きく発達した脳によって人類の活動の幅が広がり、そのメリットが大きかったからこそ、生理的早産のような無茶をしてまで脳が進化し続けたと考えられます。フローレス原人の発見は、脳の発達が決してホモ属の〝定められた運命〟ではなかったことを教えてくれました。本書では詳しく紹介しませんでしたが、南アフリカで発見されたホモ・ナレディという謎めいた人類も、そうした例外を示しているようです（図５－１）。しかし大陸にいたホモ属においては、全般的に、過去２００万年以上にわたたって脳増大への強い選択圧が働いていていました。

その一方で、原人や旧人には明らかな限界もありました。その１つは、分布域がアフリカとユーラシアの中～低緯度地域に限られていたことです。特に旧人は原人よりも進歩的な側面を見せますので、分布域を大きく拡大してくれてもよさそうなものですが、実際には原人の時代からわずかに北へ広がったにすぎず、原人がいた東南アジアの島嶼部には最後まで現れませんでした。このことから逆に、《世界へ広がる》ことの難しさがみえてきます。

第6章

わかってきたホモ・サピエンスの成り立ち

ホモ・サピエンスとは誰のことか

世界中の現代人は1つの種に含められ、その学名はホモ・サピエンスでしたね。ここではホモ・サピエンスの定義について、もう少し詳しく話しておきましょう。ホモ・サピエンスについては、**骨格形態とゲノム（DNA配列）の2通りの定義**があります。

骨格形態ではホモ属で原人、旧人と大きく変化してきた頭骨に注目し、頭骨形態が現代人の基本特徴を備えている人類をホモ・サピエンスとします。図5－2に示したように、ホモ・サピエンスは脳頭蓋が丸く高く、顔面が額の直下に位置し、下顎の下方先端にオトガイと呼ばれる隆起があるなどの基本特徴を備えています。世界中の現代人の頭骨形態は地域や個人によってある程度の違いがありますが、こうした特徴は概ね共通しています。縄文人もクロマニョン人も、昔からホモ・サピエンスに分類されていますが、それはこの定義に基づくものでした。

ゲノムによる定義は、近年、現代人のゲノム解読が進んで、ホモ・サピエンス特有のDNAの配列がわかってきたことによって可能になりました。今では、化石骨中に残っているDNAを抽出してその配列を読む技術も開発されているので、小さな骨のかけらであってもＤＮＡが残っていれば、それがホモ・サピエンスのものかどうかを判定できます。

なお、実際にはホモ・サピエンスの厳密な定義について専門家の間で多少の議論があり、考え方の主流も時代によって変わってきました。１９８０年代頃にはネアンデルタール人などの旧人も含めてホモ・サピエンスとする考えが主流で、今でもそれは少数意見として残っています。しかし21世紀に入り、次に説明するホモ・サピエンスの「アフリカ単一起源説」が定着したことを受けて、冒頭で説明した定義が一般的になりました。

クロマニョン人が示す人間らしさ

クロマニョン人とは、約4万５０００〜1万５０００年前の**後期旧石器時代**と呼ばれる時期のヨーロッパに暮らしていたホモ・サピエンスの総称です。この名は、１８６８年に南西フランスのレゼジーにあるクロマニョン岩陰で発掘された3万年前頃の人骨化石にちなんで、名づけられました。

ヨーロッパでは、19世紀末に先史時代が注目されるようになって各地で発掘が行われ、土器や農耕や金属器が現れるよりも前の時代に、マンモス、ケサイ、オオツノジカ、ホラアナグマ、ハイエナ、ホラアナライオンといった絶滅動物たちとともに暮らしていた、2つのタイプの人類がいたことがわかってきました。その1つがクロマニョン人で、他方はドイツのネアンデルタール渓谷での発見にちなんで、ネアンデルタール人と呼ばれています。

両者の生活の痕跡は、洞窟の入り口や岩陰などでよく見つかりますが、両者が発見されるときは必ずネアンデルタール人の方が下の地層から、クロマニョン人は上の地層から見つかるので、その新旧関係は明らかです。それ以外にも、両者はいくつかの点において対照的でした。

ところで、クロマニョン人ってどんな姿をして、どんな暮らしをしていたと思いますか?

「毛皮を羽織って、石の斧をもって、マンモスを追っかけているような感じでしょうか?」

それは有名な漫画のイメージですね。最近の研究に基づく復元では、もっとキリッとした風貌で、服装も持ち物も洗練されたものに、そして繊細なアクセサリーなどもつけてお

図6-1　現代の研究成果に基づいて復元されたクロマニョン人。顔料を砕いて絵具を用意している様子。製作はElisabeth Daynes氏。
フランスのPôle International de la Préhistoireにて著者撮影。

しゃれに描かれます（図6－1）。そんな復元が本当に正しいのか、証拠になるものを見ていきましょう。

まず化石からわかる風貌についてですが、クロマニョン人は頭骨から復元される顔つきも、骨格からわかる身体つきも、現代人とさして違いません。一方のネアンデルタール人は眼窩上隆起があり、顔面がやや突出していて、脳頭蓋は前後に長いなど、独特の特徴を有していました。ネアンデルタール人は160cm程度と高身長ではありませんが、四肢の関節が大きく、頑丈な体つきをしています（図5－10）。

遺跡から発掘される考古遺物にも、明らかな違いがありました。ネアンデルタール人の遺跡から見つかるのは、円盤型や幅広三角形などの比較的大きな剝片石器、炉跡、食べ散らかした動物の骨、そして副葬品はありませんが穴を掘って遺体を安置した墓などです。

一方のクロマニョン人の遺跡では、石器だけでなく大量の骨角器や貝殻製品が出土します。骨や角では石器ほどに鋭い刃は作れませんが、削ることで繊細な加工ができる上、折れにくいので、これらを使って糸を通す穴つきの繊細な縫い針、魚を突くためのかえりのついた銛《もり》、投槍器《とうそうき》と呼ばれる槍投げの補助具、彫像、用途は不明ですが彫刻の施された棒や円盤、さらに笛などが作られました。そのほか象牙、歯、貝殻なども利用されているのですが、クロマニョン人は石以外の多彩な天然素材を活用する術を知っていたようで、その加工具としての石器も、彫刻刀、皮なめし用の石器、錐《きり》などと専用工具化していました。

そうしたクロマニョン人の遺物の中でもとりわけ目につくのが、技術的にもデザイン的にも優れた美術的作品の数々でしょう。学校の教科書にはフランスのラスコー洞窟やスペインのアルタミラ洞窟といった壁画が紹介されますが、それはほんの一例で、西ヨーロッパには壁画のある洞窟が300も知られています。クロマニョン人は彫刻の腕前も素晴らしく、図6－2にあるような現代人が見ても惚れ惚れするような作品が多数見つかっています。殻が厚い海産の貝殻でつくったビーズも好まれましたが、クロマニョン人たちはそ

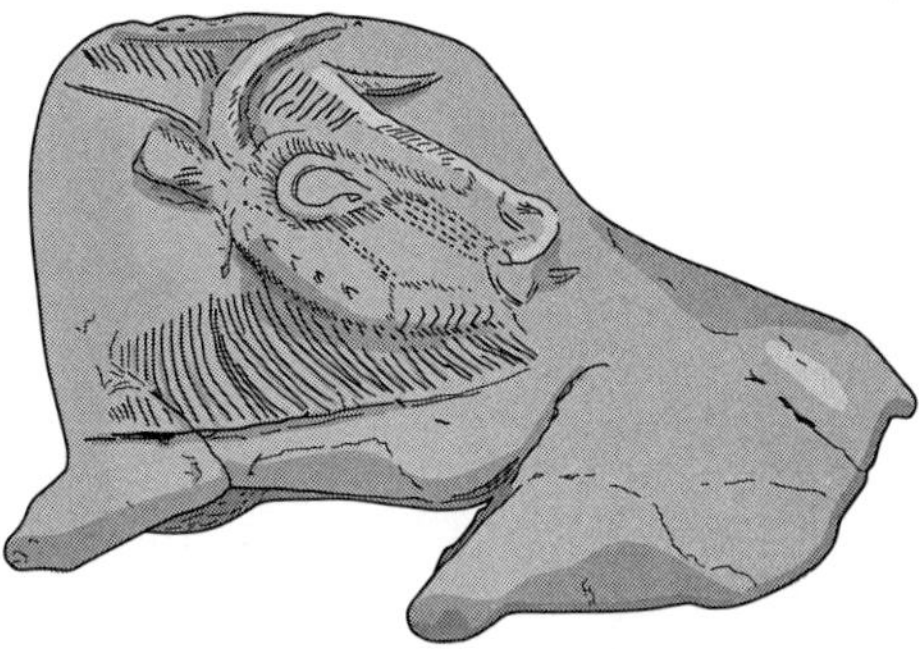

図6-2　クロマニョン人による彫刻の一例。《体をなめるバイソン》と呼ばれる彫像で、トナカイの角を石器で加工したもの。デザイン力、立体感、線の強弱、そして舌らしきものを少し出している表現などにも注目。

うした素材を数百キロも移動させており、身を飾ることに強いこだわりがあったことがわかります。

クロマニョン人のそんな姿を知ると、彼ら彼女らがいわゆる原始人ではなかったことが実感されます。着ていた衣服そのものは朽ちて消失しているので、実際に確認はできませんが、こうした遺物や芸術的活動の痕跡を知れば、誰が考えても、彼ら彼女らの身に着けていたものは洗練されていたという類推ができるはずです。

20世紀の末頃から、こうした後期旧石器時代の人間らしさが注目されるようになり、考古学者はそれを**現代人的行動**と呼ぶようになりました。

さて、ここでもう1つ大事なことを話しておきたいと思いますが、それは後期旧石器時代に相当する時期は、アフリカにもアジアにもあったということです。ところが後者ではヨーロッパのようなわかりやすい現代人的行動の痕跡が乏しく、特に東南アジアや中国では原人のものとさして変わらない石器が使われ続けていました。この証拠を冷静に捉えれば、「芸術的活動を含む人間らしさはヨーロッパの後期旧石器時代発祥」と読めます。

しかしこれと矛盾する事実が、20世紀末から次第に明らかになってきました。そして21世紀に入ると世界各地で調査が進み、それまで見えていなかったホモ・サピエンスの初期の歴史が判明してきたのです。

私たちはアフリカで生まれた

ではその新しい動きについて話しましょう。ホモ・サピエンスの成り立ちについては2つの主要な仮説があり、20世紀末に人類学者の間で激しい論争がありました。一方は**多地域進化説**で、他方は**アフリカ単一起源説**あるいはよりシンプルにアフリカ起源説と呼ばれています（図6－3）。

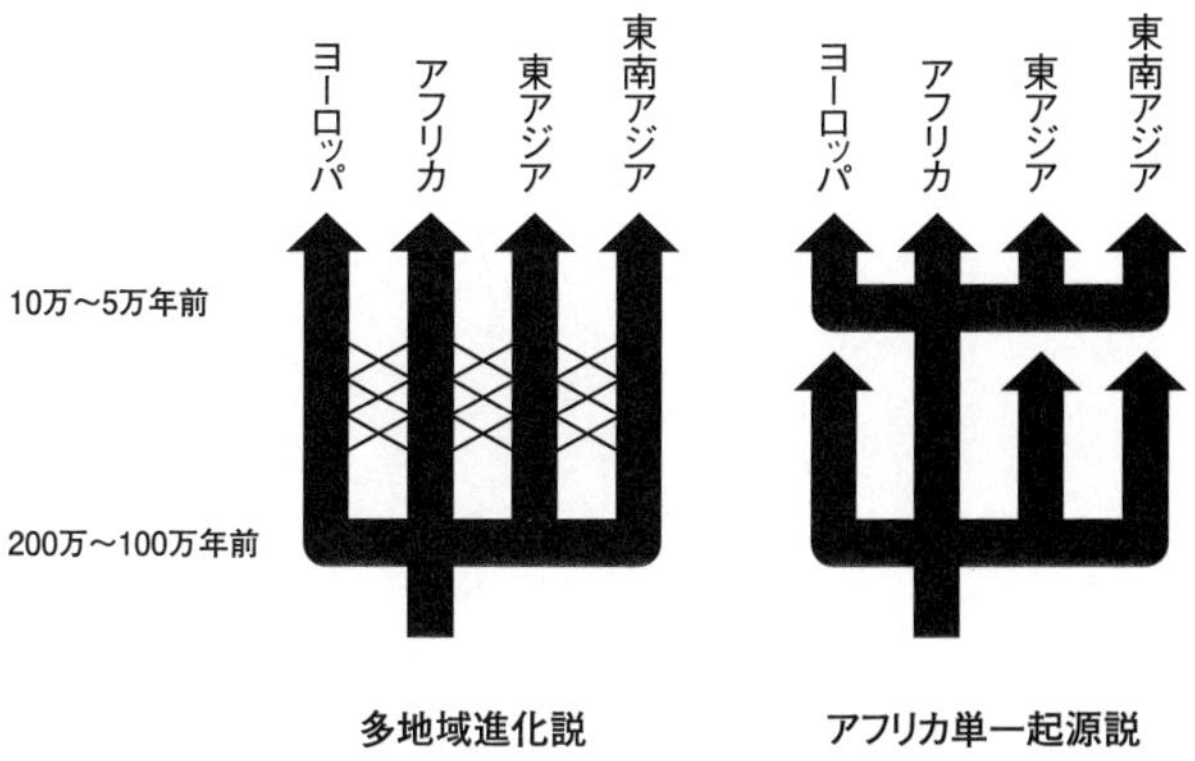

図6-3　ホモ・サピエンスの多地域進化説とアフリカ単一起源説。

多地域進化説は、アフリカからユーラシア各地へ広がった原人が、各地で旧人を経て新人（ホモ・サピエンス）へ進化したというものです。ここでは東アジア人は北京原人の子孫、オーストラリア・アボリジニはジャワ原人の子孫とみなしますが、そのように原人や旧人の絶滅を想定しない人類進化観でした。

アフリカ単一起源説は、ホモ・サピエンスはアフリカの旧人集団から進化し、その後世界中へ大拡散したというものです。その過程で、ユーラシア各地にいた原人や旧人の集団は、実質上絶滅したとされます。

「多地域進化説という仮説があるということを、知りませんでした。」

高校の教科書では、あるときから記載が多地域進化説からアフリカ単一起源説に変わったので、世代によって認識が逆転しているようですね。年配の方はむしろ「アフリカ単一起源説を知らなかった」と驚かれるので、教科書の影響力というものを実感します。

ではそれぞれの仮説を吟味しましょう。多地域進化説の絶滅を想定しない考えは1970年代に一定の支持を集めて、日本でもそれが教えられるようになりました。しかしこの説にはある大きな難点があります。それは何だと思いますか？　皆さんは生物進化のメカニズムを学習していますので、そこに立ち戻って考えてみてください。繰り返しますが、多地域進化説では、アフリカからユーラシア各地に散った原人たちが、それぞれの地域でホモ・サピエンスへ進化したと考えます。「そのような進化が起こり得るのか」という点が鍵になります。

「あちこちで同じ進化が独立平行的に起こるというのは、ちょっとないんじゃないかと思います。」

そこがまさに問題ですね。原人がホモ・サピエンスに進化するまでには、多数の遺伝子が変化したはずです。具体的にいくつの遺伝子が変化したのかはわかりませんが、ランダムな突然変異からスタートする遺伝子の変化が、複数の地域で同時多発的に起こることは、確率論的にあり得ません（詳しい説明はコラム①を参照）。

一方のアフリカ起源説は、20世紀の末に一部の遺伝学者と化石形態学者から提起され、その後のデータ蓄積のもと、21世紀初頭には盤石の仮説とみなされるようになりました。その主な根拠は、コラム②にまとめておきましょう。

コラム①　多地域進化説の理論的難点

多地域進化説の支持者はこの難点をもちろんわかっていて、それクリアーするために次の説明をしていました――ホモ・サピエンスになるための遺伝子突然変異がα、β、γ、δ……とあったとして、それらは世界各地でバラバラに生じた（例えばアフリカでαとδ、アジアでβ、ヨーロッパでγというように）。それらはやがて、隣接集団間での混血（遺伝子流動）を通じて、全世界の集団に共有されるようになった。ホモ・サピエンスの種としての共通性は、この絶え間ない遺伝子流動によって維持されてきた。

しかしこの説明には大きな矛盾があります。そもそも多地域進化を正当化していた根拠は、各地域の原人集団に存在していた地域独自の頭骨形態特徴が、それぞれの地域の現代人集団に受け継がれているというものでした。つまり北京原人は現代東アジア人と、ジャワ原人はオーストラリア・アボリジニと、ネアンデルタール人は現代ヨーロッパ人と、それぞれ似ているというのです。つまり地域色を決める遺伝子は保持しながら、ホモ・サピエンスになるために必要な遺伝子は共有された、という無理のある仮説です。

コラム② アフリカ単一起源説を支持する遺伝学的・化石形態学的証拠

・世界中の現代人のゲノムを比較したところ、その共通祖先は10数万年前のアフリカにいたことがわかった。

・現代人の地域集団における遺伝的多様性は、アフリカで最も高く、アフリカから離れるほど低くなる傾向がある（DNAは一定の確率で突然変異を起こすので、集団の歴史が長いと遺伝的多様性は増していきます。この観察結果は、ホモ・サピエンスがアフリカから世界へ広がったというシナリオと一致します）。

・ネアンデルタール人の化石骨中に残存していたDNAを解析したところ、多地域進化説の予測と異なって、現代ヨーロッパ人の直接の祖先ではないことが判明した。
・形態的にホモ・サピエンスとみなせる頭骨化石は、アフリカのものが最古（通説では30万年前）。一方のユーラシアでは、原人や旧人の集団が5〜4万年前頃まで各地に残存していた。

なお、現代人の遺伝的な共通祖先（10数万年前）と、頭骨化石から定義される最古のホモ・サピエンス（30万年前）は一致している必要はありません。ホモ・サピエンスがアフリカに出現し、ある時間が経過してからその一部がアフリカ各地や世界へ広がったと考えれば、2つの異なる年代値は両立します。

ヨーロッパ起源説の誤り

さて、ここでクロマニョン人の話に戻ります。20世紀の考古学においては、後期旧石器時代における現代人的行動の証拠はヨーロッパに偏っていて、あたかもそこが人間らしさ発祥の地のように見えていました。

ここで皆さん自身が、その現場にいる考古学者であったと想定してください。今まで皆さんはそのように認識していたわけですが、ある日突然、遺伝学や化石形態学の研究者らが「ホモ・サピエンスはアフリカ起源だ」と言い出しました。そこでその説明をじっくり聞いて理解したところ、どうも確からしい。つまり、「クロマニョン人はアフリカからやってきた移民だった」らしいのです。

そうなると、考古学の今までの認識はどうなるのでしょうか？　クロマニョン人はアフリカ由来の集団であっても、「ヨーロッパが現代人的行動の発祥の地である」と主張し続けることはできるでしょうか？　それとも修正が必要でしょうか？　正解は「修正の必要あり」なのですが、なぜそうなるのか、ホモ・サピエンスのアフリカ起源説が正しいなら、現代人的行動のシナリオはどうあるべきなのかを、考えてみてください。

「……」

これはじっくり考えなければ、すぐにはピンとこない問題だと思います。でも粘り強く矛盾点を探してください。ヒントは、ローカルではなくグローバルに考える、ということです。

「現代人的行動も、アフリカ発祥と予測すべきなのではないかと思います。」

なぜですか？

「現代人的行動の能力がヨーロッパで進化したなら、アフリカやアジアのホモ・サピエンスにおける同じ能力の進化的起源が説明できません。」

その通りです！　そもそも現代人的行動の能力とは、全ての現代人が共有している能力のことです。クロマニョン人がヨーロッパにおいてそれを獲得したなら、他地域のホモ・サピエンス集団も同じものを別個に進化させなければなりません。

「それでは多地域進化説に逆戻りですね。」

いいこと言いますね。全くその通りで、事実はもっとシンプルだったはずです。世界中の現代人が共有している能力は、おそらくその共通祖先に既に備わっていた能力だったでしょう。もしそうでなかったら、話は非常に複雑になってしまいます。

つまり**アフリカには、ヨーロッパより古い現代人的行動の証拠があるはず**です。アジアにも、ヨーロッパと同等に古い、そうした証拠があるはずです。この予測が正しいことが、21世紀に入ってから、次第に判明してきました。

アフリカで起こったシンボル革命

考古学の新たな展開の口火を切ったのは、南アフリカのブロンボス洞窟からの発見です（図6－4）。この洞窟は、インド洋を見下ろす崖に開口した小さな洞窟ですが、微小な遺物も逃さない丹念な発掘が行われた結果、10万～7万5000年前の地層から、いくつもの重大発見がなされました。主なものとしては、格子状の刻み模様のある石が2002年に、貝殻製のビーズが2004年に、押圧剥離《おうあつはくり》法《ほう》という先進的な石器技法が2010年に、顔料（天然色素）の調合跡が2011年に、それぞれ報告されました。さらにここでは本格的な骨の道具も見つかっており、もしかすると世界最古段階の漁労も行われていたかもしれません。

7万8000〜7万5000年前の模様やビーズは、現代人の感覚からすれば稚拙に見えますが、人類史の観点からは非常に大きな意味を持つ発見で、とりわけ大きな注目を集めました。なぜかというと、模様もアクセサリーも**シンボル**（抽象記号）としての意味合いを持ち、何らかの抽象的なメッセージ性のあるものだからです。

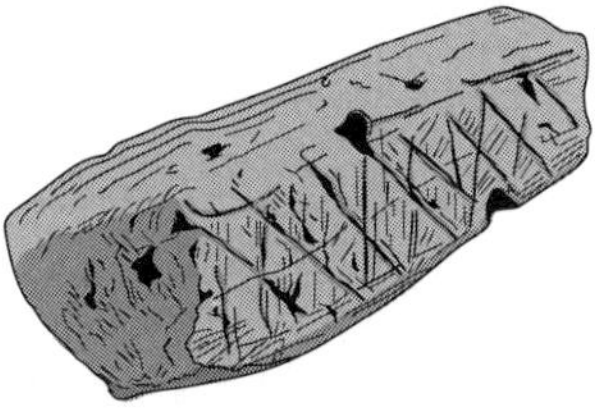

図6-4　南アフリカのブロンボス洞窟で発見された、格子模様が刻まれた顔料塊。

シンボルを創り使うのは人間に特有の能力で、脳に情報を蓄え、それを表出する無限とも言える可能性を与えました。わかりやすいのは**言語**でしょう。話しことばは音声シンボルで、文字は視覚的シンボルです。個々のシンボルには、本来、固有の意味などありません。ところが私たちは個々のシンボルに意味を持たせ、仲間どうしがそのルールを共有することで、高度なコミュニケーションを実現できるようになりました。言語のパワーは凄まじいですよ。「明日、リンゴを持ってくるね」なんて、目の前に実在しない事柄を一瞬で伝えられるのは言語なくしては不可能で、他の動物たちにはできません。同様に私たちが難しい事柄を記憶するとき、しばしば言語化したり概念図化したりしますよね。これも全て、シンボルを扱う能力があってのことです。

アフリカの初期ホモ・サピエンスたちがことばをしゃべっていたかは、直接的には確かめられません。しかし世界中の現代人が言語を持っていること、シンボルの古い証拠がアフリカで実際に発見されていることから、そうであった可能性は極めて高いということになります。

他のアフリカの遺跡からも、興味深い発見が知られています。例えば、南アフリカのディープクルーフ岩陰の6万年前の地層からは、ブロンボス洞窟のものとも類似する線刻模様が施されたダチョウの卵殻の破片が多数見つかりました。興味深いことに、その1つは卵の尖った先端部分に穴が開けられていたようで、調査者はこれが水筒の破片であった可能性を指摘しています。水筒は、汗かきで大量の水分を必要とするホモ・サピエンスが水場から一定期間離れることを可能にし、その活動の幅を一段と広げたに違いありません。もし「人類史上最高の発明品リスト」なんていうものがあったら、そこに水筒を推薦したいですね。

また、貝などの**海産資源**を採って食す行動は、ネアンデルタール人も一部でしていたようですが、ホモ・サピエンスで活発化しました。その16万年前頃にさかのぼる古い証拠も、やはり南アフリカから知られています。東アフリカのケニアからは、30万年前、つまりホモ・サピエンスが出現した頃に、色を発する顔料が使われ、石器石材が数十キロメートルも運ばれていたことが報告されています。

こうして、ホモ・サピエンスらしい行動能力も、アフリカで進化したということがわかってきました。

世界へ広がったホモ・サピエンス

そんなアフリカ生まれのホモ・サピエンスは、アフリカ大陸の中で10万年前頃からいくつかの集団に分かれはじめ、そして５万年前以降の後期旧石器時代と呼ばれる時期にアフリカを離れて、アジア、オセアニア、ヨーロッパ、アメリカ大陸、そして太平洋の島々にまで進出するようになります。図６－５に示すその拡散の様子は、私が各地からの信頼性

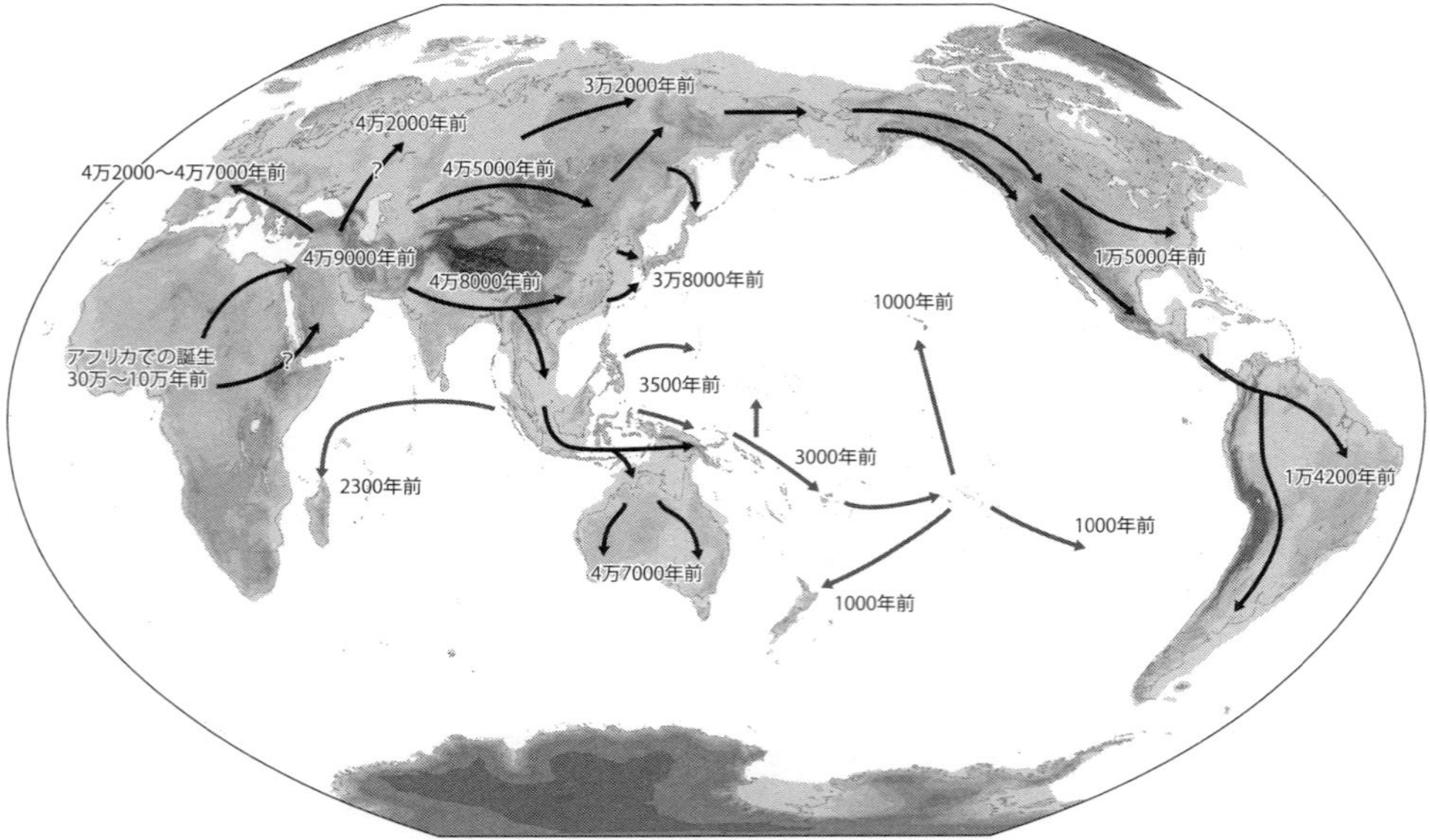

図 6-5　ホモ・サピエンスの世界拡散。背景地図には２万年前頃に海面が 120 ～ 130 メートルほど下がって広がった陸域をグレーで示してある。

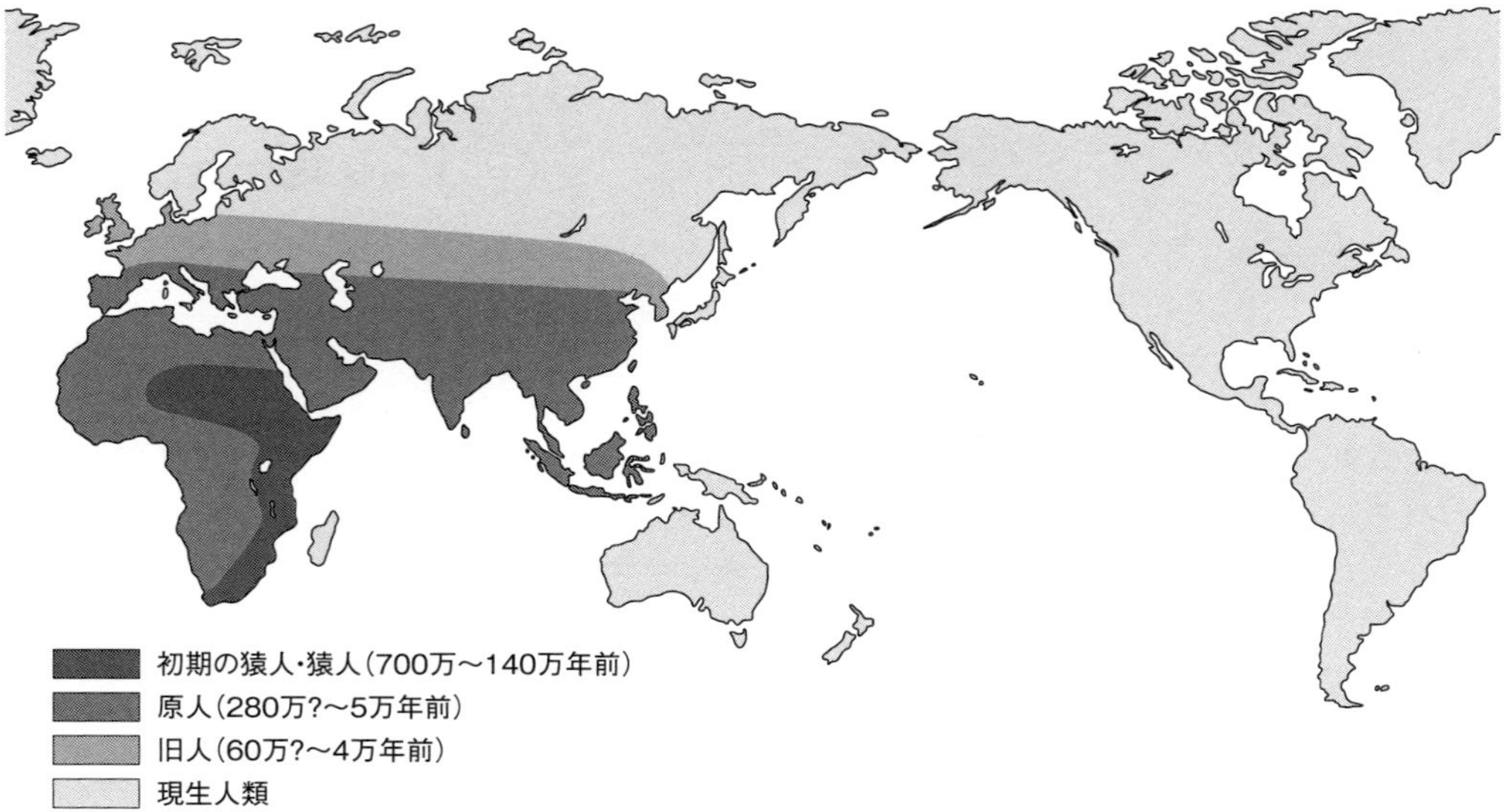

図 6-6　人類の分布域の拡大。一部推定を含む。

の高い報告をもとに描いたものです。信頼性というのは、研究者の報告にも年代が不確かだったり、本当に人がいてできた遺跡かどうか怪しいものがあったりするので、私が論文を読み、別途情報を集めて、怪しい報告を除いたものということです。専門家の間では、この大拡散の前の20万〜7万年前頃に小規模の古い拡散があったと考える研究者もいますが、ここではその論争よりも、世界への大拡散の実態に関するエッセンスをまとめておきましょう。

ここで図6－6を見てください。ホモ・サピエンスが現れる前のアジアやヨーロッパには、既に先住者として原人や旧人たちが暮らしていたことは第5章で話したとおりですが、その分布域はここに示すグレーの範囲です。ホモ・サピエンスはこのグレーの範囲を越えて世界中へ広がったのですが、このことから、古代型人類と私たちの間にある違いが見えてきますね。ホモ・サピエンスが進出できて、原人や旧人ができなかったのは、どういう地域ですか？

「高緯度の寒い場所です。」

「海の向こうの島です。」

ということがわかりますね。原人や旧人はシベリア南部まで広がったので、それなりに寒い環境にも適応したのですが、そのさらに北方の北極海沿岸には現れませんでした。ホモ・サピエンスは3万年前までにそこへ到達し、さらに当時接続していたシベリアからアラスカへ至る陸路を伝って、1万5000年前までにアメリカ大陸へ進出しています（2万年以上前という説もあります）。これが人類最初のアメリカ大陸発見ですね。「アメリカ大陸の発見者はクリストファー・コロンブス」というのは正しくありませんので、注意してください！

シベリアの奥地は今でも冬になればマイナス40度とかになるようなところですが、3万年前の氷期ですのでもっと寒さが厳しかったはずです。そこで暮らすために、当地へ広がった後期旧石器時代のホモ・サピエンスは、**機能的な防寒服や住居**をつくりました。彼らは**縫い針**をもっており、毛皮の衣服をまとっていたことは象牙（マンモスの牙）に彫られた当時の人物像の様子からもわかります。東ヨーロッパ平原では、マンモスの骨や牙などを利用した重厚な住居が見つかっていて、その復元展示や、当時の様子を再現した迫力の全方位映像を国立科学博物館で見ることができます（図6-7）。シベリアのバイカル湖周辺では、石やトナカイの角などを利用した同様の住居が知られています。

一方の海については、東南アジアの狭い海峡を越えてフローレス島やルソン島へ渡った

図 6-7　メジリチ遺跡（ウクライナ）で発掘されたマンモスの骨の住居。国立科学博物館に展示されている復元（上）とシアター 36 〇の CG 映像（下）。N. コルニーエッツ（住居）と出穂雅美（CG）の協力を得て筆者が総合監修して製作したもの。
画像提供：国立科学博物館。

図6-8　沖縄島南部にあるサキタリ洞（左）と発見された世界最古の釣り針（右）。かえりがないこのタイプの貝製釣り針は、オーストラリアなどの民族例でも知られている。写真提供：沖縄県立博物館・美術館（釣り針）。

原人がいた話を、第5章でしました。しかし連続的に島から島へと渡ってオーストラリアやニューギニアへ到達したのは、ホモ・サピエンスだけです（図6－6）。同じようにして3万8000年前頃、当時大陸から離れていた日本列島へもホモ・サピエンスが渡ってきました。ところが面白いことに、クロマニョン人が地中海の島へ進出した明確な証拠は今のところ見つかっていません。本格的な海洋進出は、最初にアジアの東部海域で起こったらしいのです。

　これだけをみても、アジアへ広がったホモ・サピエンスの集団が、ヨーロッパのクロマニョン人に劣っていたわけではないということが、伝わってきますよね。最近になって、そのような発見がさらに続いています。

　例えば、沖縄島やインドネシアの島では、世界最古の釣り針が発見されています（図6－8）。貝殻を磨いて仕上げた製品なのですが、見えない水中にいる動物に針を食わせて引っ張り上げるなんて発想を最初にした人って、考えてみると凄くないですか？　きっと発明の後も、釣り針の大きさや削り方を変えたり、糸のつけ方を工夫したりと、うまく機能するまで長い試行錯誤があったことでしょう。ゼロから生み出すのはたいへんなことだと思うのですが、アジアのご先祖さまたちも、やはりそういうことをしていたわけです。

そのほか日本列島の種子島や静岡県からは、世界最古のわな猟の証拠として、3万5000〜3万1000年前の狩猟用の落とし穴が知られています。落とし穴猟のためには、動物の習性を熟知しその行動を予測する必要があります。動物もバカじゃないので、穴を掘れば落ちるわけじゃありません。考古学者の佐藤宏之によれば、狩猟採集民たちは周囲に障害物を置いてそこに誘導したり、穴を隠したりと、成功率を上げるためにはいろいろ仕掛けをするそうです。

それから芸術的な活動はこれまでヨーロッパの専売特許のように思われていましたが、最近になって、インドネシアで4万年以上前の壁画が多数見つかるようになりました。そこでは壁画があることは以前から知られていたのですが、最新の年代測定により、世界最古級の古さが判明したのです。ビーズなどのアクセサリーも、まだ数は多くないのですが、オーストラリア、沖縄、中国などで発見されはじめています。

まだまだあるのですが、これくらいにしておきましょう。つまるところ、ホモ・サピエンスはやはり最初から凄かったんですね。そしてこうした基本能力は、アフリカにいた共通祖先に由来したと考えるべきです。その能力を備えた祖先たちが、ヨーロッパやアジアなど拡散した先々で、数々の発明や技術革新を行った結果として、私たちの種は世界中に広がることができたのだと言えるでしょう。

そう理解すると、どうでしょう？「旧石器人は原始人」というイメージが一般的だと思いますが、何だか変わってきませんか？

「旧石器人って、けっこう開拓者だったんだなって、感じました。」

「ホモ・サピエンスは5万年以上前からそれだけの能力があったというのは驚きでしたが、考えてみれば、そうでなければ今の世界を説明できないんだなと思いました。」

そんな感想が聞けたなら、私にとってこの授業は大成功です。よかった（笑）。

動物たちの絶滅と旧人との混血

では本章の最後の話題に入ります。それは、祖先たちの躍進の裏側で起こっていた出来事についてです。

クロマニョン人を紹介したとき、当時のヨーロッパには、マンモスやケサイやホラアナライオンといった多様な大型動物がいたことを話しましたね。ヨーロッパには100万年以上前に人類が現れ、それ以来、こうした哺乳動物たちとの長い共存がありました。ところがクロマニョン人が現れてから数万年のうちに、これらの動物たちがいなくなってしまいます。

同じような大型哺乳類の大量絶滅が、やはりホモ・サピエンスが出現した頃に世界各地で起こりました。日本も例外ではないのですが、聞いたことありますよね？　日本にもかつてゾウがいたことを。

「ナウマンゾウです。」

そうです。ほかにもオオツノジカ、ヘラジカ、バイソン、ヒョウなどが、それから北海道にはマンモスもいました。しかしこれらは、列島にホモ・サピエンスが現れた後期旧石器時代に姿を消します。さらにオーストラリア大陸では雑食性の巨大カンガルー、サイほどもあった草食性のディプロトドン、フクロライオンほか多数、北アメリカ大陸ではマンモス、ウマ、ラクダ、大型のネコ科動物ほか多数、南アメリカ大陸では全長6メートルにもなる巨大ナマケモノや3メートルにもなる巨大アルマジロ（図6－9）など多数が、やはり絶滅しました。このように5万～1万年前頃に世界各地で同時多発的に起こった大型動物の絶滅を、**第四紀の大量絶滅**と呼んでいます。

いなくなったのは、動物たちだけではないですよね。第5章で話したアジアやヨーロッパの原人や旧人たちも、5万～4万年頃までにいなくなりました。ただし最近の研究で、旧人たちはホモ・サピエンスと完全に置換してしまったわけではないことも、判明しています。ドイツの研究機関が、ネアンデルタール人の化石骨からのDNA抽出に成功したんですね。そしてそのゲノム配列を現代人と比較したところ、アジア、ヨーロッパ、オセアニア、アメリカの人々のゲノムに、ネアンデルタール人の要素が2％ほど入り込んでいることがわかりました。これはアフリカを出た初期のホモ・サピエンスが、ユーラシアでネアンデルタール人に出会って混血したことを示しています。その後ネアンデルタール人自

図6-9　かつて南アメリカ大陸に生息していたオオナマケモノ（メガテリウム）の全身骨格。右側背後の丸い動物は、同地で同じ頃に絶滅した巨大アルマジロ（グリプトドン）。フランスのMuséum national d'Histoire naturelle付属Galerie de Paléontologie et d'Anatomie comparéeにて撮影。人物は筆者。

身はいなくなりましたが、その遺伝子の一部を、私たちは今も受け継いでいるわけです。

今ではさらに、ネアンデルタール人とは別の旧人集団のゲノムも、アジア人やオセアニア人の中に入り込んでいることがわかっています。その旧人は、南シベリアのアルタイ山地にあるデニソワ洞窟で同定されたので、仮に「デニソワ人」と呼ばれています。

デニソワ人の正体はまだはっきりわかっていませんが、面白いことに、デニソワ人からもらったDNAには役立つ部分もあったようです。チベットの人々は4000m級の高地で暮らしていますが、そんな場所の低酸素環境に耐えるため、血流量を増やすなどの特別な体質を持っています。そのチベット人が持つ仕組みの一部に関与する遺伝子が、デニソワ人由来という指摘があるんですね。デニソワ人の化石はチベットでも見つかっているので、そこで高地環境に適応的な進化を遂げていたのでしょう。どうやらそのいいところをホモ・サピエンスがもらった、という話になりそうです。

ユーラシアに広がった私たちの祖先は、そんなふうに旧人たちとわずかながら接点を持っていました。それでも大型哺乳動物たちとともに、原人や旧人がいなくなったという事実は変わりません。

まとめ　地球の支配者への道

〈第6章のまとめ〉

・ホモ・サピエンスは頭骨形態あるいはDNA配列が現代人の基本特徴を備えている人類のことで、縄文人やクロマニョン人を含む。

・ホモ・サピエンスは30万～10万年前のアフリカに出現し、10万～5万年前頃からアフリカ内外への大拡散を開始した。かつてヨーロッパ中心に考えられていたホモ・サピエンスの歴史は、このシナリオに沿ってグローバルに組み立てられるようになった。

・シンボルの操作など、現代人的行動能力の起源もアフリカにある。世界中の現代人が共有する諸能力は、旧石器時代のアフリカにいた共通祖先に備わっていたと考えられる。

・ホモ・サピエンスが世界へ拡散した歴史は壮大なドラマで、寒冷地の克服や海への挑戦など、各地で様々な新奇的行動と発明が繰り広げられた。日本列島にもそうした証拠が多数ある。

・ホモ・サピエンスが世界へ広がった5万〜1万年前とほぼ同期して、各地で多くの大型哺乳動物と古代型人類が姿を消した。そうした中、ホモ・サピエンスは一部の旧人集団と限定的な混血をした。

ここで更新世末の大絶滅について、少し考えましょう。これらの動物たちは瞬時にいなくなったわけではないし、特に2万〜1万年前は最終氷期から現代の間氷期への移行期で、急激な温暖化が進んで自然環境が激変した時期ですから、絶滅の要因の1つが気候変動であったことは間違いありません。それでも、そのときまで繁栄を続けてきた大型動物たちの絶滅について、ホモ・サピエンスの関与を否定することは不可能です。

古代型人類の消滅についても、ホモ・サピエンスがそれにどう関わったかを示す明確な証拠が、今のところありません。考古学者たちは、両者が接した遺跡の発見を夢見て発掘を続けていますが、まだ誰もそれを果たせていません。なので今は推察しかできませんが、1つはっきり言えるのは、必ずしもそこに血なまぐさい出来事を想定する必要はないということです。

そもそも動物であれ植物であれ、自然界において外来種による置換はふつうに起きることですが、そうした生物は戦争しているわけではないですよね。より適応的で繁殖力の強いものが、戦わずして弱いもののニッチを奪うというのが自然界の常です。人類においても、狩猟や生活技術に勝り、情報伝達力に優れ、社会ネットワークを発達させて効率よく資源を獲得したホモ・サピエンスを前に、原人や旧人の集団が次第に人口を減らしたというシナリオが、もっとも現実的に思えます。このように《更新世末の大絶滅》の背後には、何らかのかたちで私たち自身がいました。

はるか昔、700万年ほど前のアフリカに誕生した頃の人類は、肉食獣から狙われる立場にあるふつうの動物にすぎませんでしたが、260万年前頃の環境変動をきっかけに、優れたハンターとなる長い道を歩みはじめます。それが旧石器時代のホモ・サピエンスになると、ライオンやトラやゾウのような地上の王たちに伍《ご》するどころか、それらを絶滅の危機に追いやるほどの存在になっていたわけです。

後期旧石器時代は土器も金属もなく、主要な道具が石器や骨角器という時期ですので、もちろん当時のホモ・サピエンスの影響力は限られていました。それでもこの時期の祖先たちの行動を知ると、現在の私たちのような地球の支配者が生まれる道が、このときに既にはじまっていたことがわかります。

第7章

ホモ・サピエンスが多様であることの意味

わかりにくい多様性をどう理解するか

これまで人類の長い歴史を語ってきましたが、この章のテーマは現代です。

世界を見渡すと、ホモ・サピエンスが生み出した文化、芸術、料理、宗教、言語がいかに多様かを実感しますよね。エキゾチックということばには異文化に対する魅惑的響きがあって、私たちは実際に旅先で異なる慣習に驚いたり、思いもよらぬ発想に刺激を受けたりします。人々の肌の色や、体格、顔つきなどの外見も、やはり地域によって多様です。私たちは、人の容貌から出身地をおおまかに言い当てることができますが、つまりそれほど、世界中の現代人は、外見と文化において大きな多様性を有しているわけです。

一方で、この多様性はやっかいな問題でもあります。「多様」は「違う」と表裏一体で、時に人は相手とのそうした違いを許容できなかったり、他者をさげすんだり恐れたりして、差別します。人種差別や民族差別は、今でも世界各所で、あるいは身近なところで日常的に繰り返されており、そうしたニュースを聞くたびに陰鬱な気持ちにさせられますね。だからこそ、**多様性の本質を正しく理解しておく必要があります**。

しかしこの多様性というものが、なかなかつかみどころがありません。人種について書かれた本は多数ありますが、その視点（専門分野）、立場、根拠、力点、対象地域と時代、難易度が様々であるため、いくつかを読んで話の全貌を理解できる人はいないでしょう。そこで私なりにどう説明するのがよいか考えまして、この章に理解すべき3つのエッセンスを詰め込むことにしました。その3つとは、人種についての、①歴史上の誤解と曲解（それらはまだ現代社会に強く残っています）およびそこから生まれた繰り返したくない過去、②最近わかってきた新たな事実、そして③まだわかっていないこと、です。これは本来グローバルな話であるべきなのですが、豊富な歴史記録があるヨーロッパに話が偏ってしまうことは、承知しておいてください。

人種差別に対して私たちがまずすべきことは、それに反対することでしょう。しかし差別は反対表明だけではなくなりません。そこでどうすべきかを考える上で必要な基礎知識を提供するのが人類学の役割の一つですから、そうなることを目指してこの話を進めたいと思います。

人種についての誤解と曲解

人種分類のはじまり

ホモ・サピエンスは後期旧石器時代に世界へ広がりましたが、ちょっと想像してみましょう。当時の祖先たちに、「自分たちが人類史上はじめての偉業を成し遂げている」みたいな感覚はあったと思いますか？

「……そういうことに気づいていなかったと思います。」

過去を理解するためには、現代の知識を捨てて当時の人の立場に立ってみることが大切です。当時は、地球の地理を知る人もいなければ世界地図も存在しません。つまり拡散途上の祖先たちは、「自分は今地球上のどこにいる」という自覚もなく、別の大陸へ移動した他集団のことも知らずに、移動後もそれぞれの土地で各々の歴史を歩んだわけです。そのように旧石器時代に分かれた者どうしの本格的な再会がはじまったのが、ヨーロッパの大航海時代でした。しかしそれは、決して幸福な再会ではありませんでした。

15～16世紀のバスコ・ダ・ガマ、コロンブス、マゼランをはじめとする初期の探検家や宣教師たちが、アフリカ、アジア、南北アメリカ、太平洋でその土地土地の人々と出会い、キリスト教の浸透、生活スタイルの西洋化、植民地経営、収奪、奴隷といった歴史がはじまるのは皆さん知ってのとおりです。この動きに少し遅れて、新しく〝発見された〟人々について理解しようと、ヨーロッパの知識人らによる議論がはじまりました——残念なことにここで「理解する・される」の関係が一方的になってしまうのは、ヨーロッパ側の認識しか記録に残されていないからです。

当時の関心は主に2つありました。1つは世界中のヒトをどう分類整理するかで、ここでrace（**人種**）という語が登場します。これは元来ウマなどの血統を指していた語で、17世紀に人間の分類に転用されたのですが、現代の動物分類用語で言えば《種》の下位にくる《亜種》と類似の概念ということになります。

20世紀前半に活動したフランスの人類学者アンリ・ヴァロワによれば、人種とは「言語・風俗・国籍のいかんを問わず、共通の遺伝的な身性の諸特徴の集合を示す人の自然的集団」です。つまり人種は、文化的概念である民族とは別に設定された、ヒトの生物学的な分類を意図した概念ということになります。ただし実際には、民族と人種はかなり混同されてしまっています。逆にそのような実態があるので、「人種の定義は多様」と言われることもありますが、この本ではヴァロワが言うような元来の意図に従って話を進めます。

当時の議論のもう1つの焦点は、異なる人種は皆アダムとイヴの子孫なのか（**単元論**）、あるいはそれぞれ異なるルーツを持つのか（**多元論**）でした。聖書の記述を素直に受け入れれば必然的に単元論になるのですが、例えばヨーロッパ人とアメリカ先住民（インディアン）との同一性は受け入れ難いと考える人たちが、「アダム以前の人類創造があった」などと多元論を主張しました。やがて19世紀に聖書の束縛から離れた議論がはじまりますが、そこでこの話題は様相を変え、「人種は《亜種》のようなもの」と考える単元論者と、「人種の違いは《種》の違いほど大きい」とする多元論者の間の論争となります。

このように人種分類が試みられた背景の一部には、人間の多様性を理解したいという研究者の自然な動機がありましたが、結果的にそれは利用したい人に利用されることになります。特に違いを強調する多元論は奴隷制にとって都合がよく、これを容認する根拠とされました。

現代人はいくつかの人種に分けられるという誤解

人種というものがあると教えられ、モンゴロイド（黄色人種）、ネグロイド（黒人）、コーカソイド（白人）といった語もあるために、世界の人々はいくつかの人種に明確に分けられると、多くの皆さんが信じているのではないでしょうか？　しかし現代の人類学者はそうは考えていません。

前述のように、17～18世紀から皮膚色、目・鼻・唇を含む顔つき、頭骨形態、毛髪の形状、体型などの外見を手掛かりとした人種分類が試みられるようになりました。しかしその当事者たちは分類が明確に定まらないことを理解していたし、実際に分析者が異なれば3つに分類したり5つに分けたりと、結論も定まりませんでした。

例えばドイツの博物学者ブルーメンバッハは、18世紀後半に、コーカサス・モンゴル・エチオピア・アメリカ・マレーの5分類を提唱しました。後に**5大人種**として有名になったこの分類は、幕末頃には日本にも紹介されるなど世界に大きな影響を与えています。ただしブルーメンバッハ自身は、この分類は恣意的で互いの境界も明瞭でないことを強調した上で、「人間は全て相互に関係があり、相互間の差異は程度問題にすぎない」と述べています。

実際の例として、黒人・白人・黄色人種の3分類について検討してみましょう。「黄色人種」はふつうアジア大陸東部の人々やアメリカ先住民を指しますが、シベリアの先住民族から東南アジアの人々まで、皮膚色は多様です。アフリカ南部に暮らすコイサンは茶色の肌をしていて、〝黒人〟と呼ぶには躊躇します。〝白人〟に南欧の人々を含めるなら東北アジアの人々も加えてよさそうなものですが、そうはなっていません。つまり皮膚の色で**3大人種**を定義することは、本来できるものではありません。

ほかの身体形質を使ってみたところで、結果のあいまいさは変わりません。集団の中には大きな個人差があるので全員が定義した枠内に収まってくれるわけではないし、集団と集団の隣接域にはいつも中間的特徴を持つ人々がいて、明快な境界線は引けないのです。要するに、17世紀以降の客観的な生物学的人種分類を定めようという試みは、「それは事実上不可能」という結論に終わりました。**現代人に対するいかなる分類も恣意性の高いものにならざるを得ないというのが、現代の人類学者の共通認識**です。

さらに古くからある「人種の純血性」という概念も、全くの誤りです。先のブルーメンバッハは、ホモ・サピエンスに5つの群が生じた原因を、「神が創造した原型が崩れて様々な変異が生まれた」からと、聖書に従って解釈していました。彼の分類名が地方名であることに注意して欲しいのですが、ヨーロッパ人の源とされたコーカサス地方は、ノアの箱舟がたどり着いたとされるアララト山がある場所です。東北アジア系の代表がモンゴル人なのは、13世紀のヨーロッパ社会を恐怖に陥れたモンゴル帝国の影響でしょうが、ここでも典型という考えが働いています。

第6章で学んだように、今では、現代人はアフリカにいた共通祖先に由来したことがわかっています。それが世界へ散らばってゲノムの部分的な多様化と、複雑な集団の分岐、移動、交流、混血の歴史を経て現在に至っているので、**個々の集団に「純血」という考え方は馴染みません**。東アジアにおいても、例えば「純血の大和民族」とか、「純血の朝鮮民族」、「純血の漢民族」といったものは実在しません。

こうした現実から、「人種は社会的につくり出された概念で、生物学的な実体はない」という意見が、一部の人類学者から表明されています。これについて私なりの説明をしますと、過去においては、差別的利用の意図はなく、自然を理解する目的で人種分類を試みた研究者がいました。その試み自体は非難されるべきものでないと思いますが、時の植民地主義や帝国主義、世界大戦の時代のナショナリズムなどの政治的動機からそうした分類を都合よく利用しようという強い力が働いたために、分類は社会的に大きく歪められたものとなってしまいました。加えて研究した当人たちは分類が期待したほどうまくいかない現実に気づくのですが、一般社会はそれを知りません。**生物学的に「不変で明確で純粋な人種」のようなものは存在しない**ことを研究者は悟りましたが、世間の誤解は放置されたまま、というのが現状であると思います。

「今でも人種分類の研究は行われているのでしょうか？」

いえ。過去への反省から、今では分類そのものを目的とする研究は行われなくなりました。多様性が存在する以上、何らかの分類を行うことは可能ですが、誰もが納得する人種の定義は不可能です。現代の人類学や医学では、国籍や地域など、目的に応じて個別に定義した集団を対象に、ルーツ、健康状態、病気に対する特性などを探るスタイルの研究が主流になっています。

《違い》には生まれつきの優劣があるという曲解

自分たちは他の民族や集団より優れていると思う姿勢を、**自民族中心主義**（ethnocentrism）または**選民思想**といいます。これは洋の東西、半球の南北を問わず、日本や中国を含めて世界のどこにでも存在してきました。古代ギリシャ人も例に漏れず、自分たちは優れていると考えていましたが、その違いを生むのは気候や風土であるとする**環境決定論**が支配的だったようです。ここでは、「違いに優劣がある」とする一方、「その違いは生まれつきでなく、個人の育ちによって修正や変更が可能」とみなしている点に注意してください。古代ギリシャ人は異邦人（バルバロイ）を軽蔑していましたが、どこの出身であれギリシャ文明を受け入れた者を劣等視することはなかったといいます（ただし奴隷制と男女差別はありましたが)。

アフリカの属州出身の皇帝がいた古代ローマでも、十字軍がイスラム勢力と一進一退の攻防を繰り返していた中世ヨーロッパにおいても、異集団を生まれで差別する発想は顕著に表れてはいません。ヨーロッパにおいて文化より人種(生まれ)が強く意識されるようになってきたのは、大航海時代以降のこととされます。そこではヨーロッパ人の優越性が当然視されるようになりますが、やがて19世紀後半頃から、この差別を〝科学的に〟正当化する新たな人種理論が力を持つようになります。それは次の2つの誤った信念から成るものでした。

1つ目は「ヨーロッパ人の優秀性が科学的に示された」というものです。その代表例として、19世紀に脳が大きい個人ほど知的であると仮定され、ヨーロッパ人の脳が他集団のものよりも大きいという分析結果が導かれたのですが、今ではこのどちらも正しくないことがわかっています。皆さんも周囲を見て、「頭が大きい人ほど賢い」と感じたことがありますか？

「いえ、そんなこと思ったこともないです。」

例えばアルベルト・アインシュタインの脳は１２３０ｇでしたが、これは成人男性としてはむしろ小さいほうですし、脳サイズの集団平均値は、実際のところは東アジア人がヨーロッパ人をわずかに上回るようです（分析サンプルを変えればまた結論が変わるかもしれません）。実のところ脳サイズの意味は、現在でもよくわかっていない部分があります。猿人からホモ・サピエンスに至る人類進化において、脳サイズの増大は知性の向上を示していたはずですが、現代人の中では、男女差も含めて、知能と脳サイズの明確な関連が見出せないのです。

さらに20世紀に入ると知能テストが導入され、その結果が一部研究者によって、（特に北欧系）白人が生まれながら優秀との見解を裏付けると解釈されました。しかし本当は、個々のテストの結果が知能の何を反映しているのかはわかりませんし、テスト結果は生まれつきの知能より、学習環境に大きく作用されることは明らかです。その傍証として、最近の知能テストや国際学力調査ではアジア系の成績がよいこと、日本の順位はその中で上下していることを指摘すれば、十分でしょう。それでも20世紀初頭という時代において、ヨーロッパ人の優秀性というのは、あまり疑問を持たれる考えではなかったのです。

２つ目の誤った信念は「人種間の知性における優劣は生まれつきであり、育ちによって修正はできない」というもので、**遺伝子決定論**あるいは**生物学的決定論**と呼ばれています。

実際には、人間の知性がどれだけどのように遺伝するのかは今でもよくわかっていませんし、育ちが極めて重要であることを私たちは体験的に知っています。しかし過去においては、このような考えがあまり抵抗なく信じられてしまいました。

さてここからが問題です。このように20世紀初頭に「白人は生まれつき優秀だ」となり、一方で遺伝子を介した遺伝のメカニズムが明らかになってきたことにより、**優生学**と呼ばれる考えが叫ばれるようになりました。それは次のようなものです——人類にとって優良な遺伝子と劣悪な遺伝子が存在するので、自国民の優良遺伝子を保存あるいは改良するための施策を研究すべきだ——。

イギリスで提唱されたこの人種改良論は批判も受けましたが、ナショナリズムが渦巻く20世紀初頭の欧米では魅力的と受けとられ、一部の有力研究者の積極的な支持を得て強い影響力を持つようになりました。日本でもこの思想に共鳴する研究者が現れ、1930〜40年代にはその考え方を広めようという動きがありました。

優生思想の実現手段は、〝適格者〟の子孫を増やすよう奨励するか、〝不適格者〟を排除するかです。このうちの後者の理屈は、例えばアメリカ合衆国における移民の選抜と制限の強化に貢献したと言われます。そして〝不適格者〟の排除を、組織的大量虐殺というかたちで実行し、世界を震撼させたのが、ナチスによるホロコーストでした。

このように人種の問題は誤解から曲解を呼び、過去数百年の間に、短い文章では語り尽くせないたくさんの悲劇を生んできました。一方でそんな当時の欧米社会においても、ヨーロッパ人と他集団の間に本質的な優劣は存在しないと考える研究者や知識人はいました。アメリカ独立宣言を起草したトーマス・ジェファソンもそうですが、ここではその一例として、再びダーウィンに登場してもらいましょう。彼は1871年の著作『人間の進化と性淘汰』で、以下の内容を記しています――現存する野蛮人や未開人も、その祖先は大海原を越えるなどして世界各地に広がったのだから、元来それだけの発達した技術や文化を持っていた。彼らと文明人の潜在的な心的能力は、さして違わない。そのような心的能力は両者の共通祖先に由来しており、西欧文明の洗練された音楽などの高度な趣味は、生まれつきではなく教育がもたらしたものである――。

先の第6章の結論を先取りするような言説にまず驚かされますが、人種差についての捉え方に注目してください。ダーウィンは1831年から5年間、イギリス海軍の測量船ビーグル号で世界をめぐる旅に出て、南アメリカ大陸の最南端で、ほぼ全裸の狩猟採集民フエゴ島人に出会います。ダーウィンは彼らに衝撃を受けながらも、その本性はイギリス人と大差ないことを察し、フエゴ島人やその他の〝野蛮人〟にある種の敬意を抱いてもいました。野蛮人（savage）や下等人種（lower races）その他の差別的ことば遣いは、もちろん現代においては全くのNGワードですが、現状の違いに惑わされることなく、人間性の本質を冷静にみていたこの偉人の洞察力には、やはり感嘆させられます。

わかってきた事実

《違い》は大きくて小さい　ヒト多様性のパラドックス

人種をめぐる誤解について考えてきましたが、一方で現代人の地域集団間に何らかの違いがあることは事実です。ではここで改めて問いたいのですが、現代人どうしは、実際のところどれほど違うのでしょうか？　実は大多数の人々が、この違いの本質を見誤っているという話を、ここでしていきます。その意外な発見をもたらしたのは遺伝学で、きっかけを与えてくれたのは大型類人猿でした。

チンパンジーにも外見上の地域差や個体差があるので、私たちがそうするように、チンパンジーたちも顔などの外見で仲間を識別しています。

「それは人間にもわかるような違いなのでしょうか？」

わかります。霊長類学者たちは、研究のために群れの中のサルたち1頭1頭に名をつけて追跡するのですが、顔や風貌で見分けるのだそうです。チンパンジーでは、アフリカの生息地ごとに顔つきがやや異なるし、行動の地域性も存在します。後者の例としては、集団によって、細い棒を使ってアリを釣って食べる行動をしたりしなかったり、ナッツの硬い殻を石で叩き割る行動をしたりしなかったりします。

それでもチンパンジーの外見上あるいは行動上の多様性は、私たちヒトに比べれば明らかに限定的ですよね。世界各地の現代人は肌の色、顔つき、毛髪形状、身体サイズ、体型などにおいて顕著な地域的多様性を示しますが、チンパンジーにはそこまでの多様性はありません。チンパンジーにも食文化のちがいといいますか、ある植物を食べる集団と食べない集団があったりしますが、ヒトの食文化はもっと極端で、例えばサツマイモを主食とするニューギニア高地人もいれば、野菜類をほとんどとらず主に海獣の肉を食す極北のイヌイットのような人々もいます。

つまりヒトは、外見と行動における種内多様性が際立って大きい種です。ところが近年の遺伝学の研究により、予想外の事実が明らかになってきました。それは、**ヒトの遺伝的**

多様性は、チンパンジーのそれよりも低いという発見です。20世紀の終わり頃から、一部の研究者がこの逆説（パラドックス）に気づいていましたが、それが正しいことを明確なデータで示したのは、カリフォルニア大学の遺伝学者らによる１９９９年の論文でした。

ヒトの遺伝的多様性はチンパンジーより小さい

図７－１は、１９９９年に発表されたミトコンドリアＤＮＡの無根系統樹と呼ばれるものです。大事な話なので、少し丁寧に見ていくことにしましょう。ミトコンドリアＤＮＡは細胞内の遺伝情報のごく一部なので、これだけでは結論として不十分なのですが、２０１３年に公表された核ゲノムの大規模研究が実質的に同じ結果を示しているので、ここではわかりやすい１９９９年の研究を紹介することにします。

ここで比較されているのは、アフリカ類人猿の４種（チンパンジー、ボノボ、ニシゴリラ、ヒガシゴリラ）、アジア類人猿の２種（スマトラオランウータン、ボルネオオランウータン）、そして現代人（ヒト）です。これらに加えて、ネアンデルタール人１個体と、ＮＵＭＴなるもの（人類の系統において過去にミトコンドリアＤＮＡから核ＤＮＡに取り込まれたとされる配列）が含まれていますが、これらは今の話題と関連が薄いので触れないことにします。

ちなみに、こういう分析のために動物園から気軽にサンプルを集めるわけにはいきませ

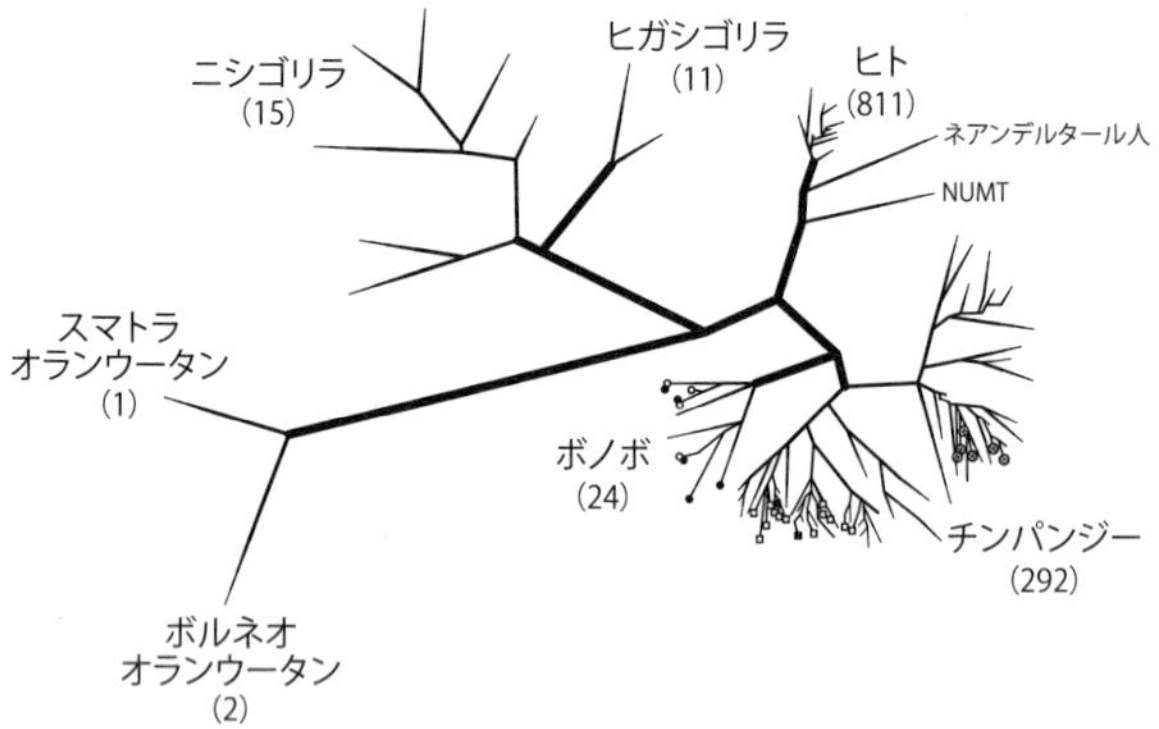

図 7-1 ヒトと大型類人猿のミトコンドリア DNA の多様性を示す無根系統樹。括弧内の数字は分析した個体数。Gagneux *et al*.（1999）を改編。

ん。動物園の個体はどこから連れてこられたかわからないものが多く、さらに飼育下で混血が進んでいる可能性があります。そこでこの研究チームは、主たるサンプルを生息地において自分たちで集めました。野生のチンパンジーは、樹上に枝葉をしいたベッドをつくって、夜の睡眠をとります。そこでチームはアフリカの生息地でそうした木に登り、ベッドに残されたチンパンジーの体毛を集めて分析したのです。

図の括弧内には、分析した個体の数が示されています。各枝の末端は分析した個体に相当しますが、いくつかの個体をまとめる数学的な処理をしてあるので、枝の数は分析個体数より少なくなっています。

この図では、枝の長さがポイントになり

ます。それは個体どうしのDNAの違いの程度（遺伝距離）を表していて、個体Aと個体BのDNAが似ていれば、両者は近い位置におかれて短い枝で結ばれます。逆に個体間の違いが大きければ、枝は長くなって両者は離れます。それぞれの種の中に個体差（多様性あるいは変異）があるので、種ごとにクラスターができていることがわかりますね。しかし種内の個体差（種内多様性）より、種間の違い（種間多様性）の方が大きいため、各種のクラスターどうしが太線で示した長い枝で結ばれるという、ここに見ている構造となります。

さていよいよ核心ですが、ここでそれぞれの種内変異のあり方を見てください。種ごとのクラスターの、根本からの枝の広がり具合が、その種のミトコンドリアDNAの多様性を表しています。

全体に枝が広がっていて、種内に大きな遺伝的多様性があることがわかるのは、チンパンジーとニシゴリラですね。両者の中には、亜種に相当するサブクラスターがいくつか存在しますが、それらを総合した種としての多様性は、かなりのものです。オランウータンは残念ながら分析個体数が不十分ですが、2013年の核ゲノム分析では、両種ともヒトよりはるかに高い種内多様性が検出されていることを申し添えます。さらに、ゴリラを東西の2種に分け、オランウータンも複数種に分けるのは種を細分しすぎだとの意見を採用するなら、類人猿各種の遺伝的多様性はもっと大きいことになります。

ではホモ・サピエンスはどうでしょう？　この分析では、世界各地の８１１個体の現代人が分析されています。それだけの人間が束になってかかっているのに、その変異は類人猿の多くの種よりも小さいというのがこの結果です。

この発見は、「世界各地の現代人は多様」という私たちの直感的認識と真逆のことを示しているように見えますが、このパラドックスの意味は十分に説明可能です。そこを理解できるよう、もう少し基礎の説明を続けます。

遺伝的多様性はなぜ生じるか

ここで基本に立ち返り、そもそも多様性とは何かを論じておきましょう。

どんな生物の種にも、個体差というものがあります。人間でいえば個人差ですね。そうした多様性（変異）を生むのは遺伝か環境のどちらか、あるいはその相互作用です。

親子が似るのは遺伝因子によるもので、それは成長プログラムの書かれたＤＮＡのコピーが親から子へ受け継がれることによります。しかしＤＮＡから子が大人になったときの身長を完全に言い当てることはできないし、体重の予想はもっと困難です。親が勉強嫌いでも子は好きになるかもしれないし、親が優秀なスポーツ選手であれば子もそうなるというわけではありませんよね。それはなぜですか？

「身長や体重には栄養や生活習慣が関係していて、人格の形成には経験や出会いなどが影響するからだと思います。」

その通りで、それらを環境因子といいます。このように遺伝と環境のどちらも重要なのですが、今の目的は遺伝的多様性を理解することなので、そちらをさらに詳しくみましょう。

ヒト1人が持つDNAの総量は31億塩基対ですが、そのコピーが親から子へ受け渡されるときに、60ほどが突然変異によって変化すると推定されています（塩基対はDNAの構成単位）。その子のDNAはまた同様に変異するので、こうして世代を重ねていけば、祖先のDNAとの違いはゆっくりですが累積的に大きくなっていきます。このような変化が家系ごとに独立に起こっていきますので、集団の中では時間の経過とともに遺伝的多様性が増すことになります。

では改めて図7－1を見てください。ここで大型類人猿たちの遺伝的多様性が大きいことは、何を意味していることになりますか？

「大型類人猿たちは世代を多数重ねていて、ヒトよりも存在の歴史が長いという意味になると思います。」

そういうことです。実際の遺伝的多様化は、時間だけでなく、集団の大きさ、世代間隔、社会構造、部分的な絶滅、それから適応的進化などの影響を受けるのですが、ここでは図7－1の読み方として、遺伝的多様性が集団の歴史の長さを反映しているということを理解しておいてください。

容姿の多様性は世界拡散が生んだ

第6章で述べたように、ホモ・サピエンスは10万年以上前のアフリカに出現しました。最初のホモ・サピエンス集団がアフリカのどこで、どの旧人集団から、どのように派生して誕生したのか、まだ詳しいことはわかっていません。それでも誕生間もない頃のアフリカのホモ・サピエンスの種内多様性が、ゲノムの上でも容姿の上でも限定的であったことは自明です。

そこでその状態を出発点として、現代人のパラドックスの説明に挑戦しましょう。現代人は容姿の多様性が大きく、遺伝的多様性は乏しいという事実を、どう説明しますか？　進化の歴史が浅いのに、なぜ私たちの外見はこうも異なるのでしょう？

「……」

ヒントは、誕生後に祖先たちがどうしたかにあります。

「5万年ほど前から、急速に世界中へ拡散しました。だから、各地へ散ったそれぞれの集団が、土地ごとに異なる自然環境に適応していった結果なのではないでしょうか？」

そういうことです！　**世界各地へ分散したホモ・サピエンスの集団は、それぞれ地域の環境に適応するよう、関連する一部の遺伝子を変化させた**と予想できます。しかしそれはあくまでも、ヒトゲノム中に2万1000個ほど存在する遺伝子の一部が変異したのであって、他の大多数の遺伝子はそれほど多様化していない。だから私たちの遺伝的多様性は低いと説明できそうです。

DNAの突然変異

この大事なポイントをしっかり理解できるよう、DNAの突然変異について説明を少し補足しましょう。長い鎖のような構造をしているDNA上には、遺伝子をコードしている領域と、その動作（専門用語では《発現》）を制御している領域があります。それらは細胞活動を担っている大切なDNA領域ということになりますが、実はそういう部分は、ヒトゲノム中の1割程度らしいんですね。残りの9割のDNAは何かというと、特に有効な機能をしないガラクタのようなものらしいのです。

そんなガラクタを持っているというのも生物の面白い側面なのですが、それはさておき、ガラクタ領域がどう突然変異してどうなろうと、個体の生存には影響しません。そうした無害で中立な突然変異は集団中から排除されることなく、世代を重ねるごとに蓄積されるので、集団内の遺伝的変異を増大させる主因になります。

大型類人猿の大きな遺伝的多様性の大部分は、こうして時間とともに生まれたと考えられます。もちろん、歴史が長ければ遺伝子領域にもそれなりの多様化が生じているでしょう。しかし大型類人猿はどのメンバーもずっと熱帯雨林の森林環境に暮らし続けているので、生息環境の多様化はほとんど生じていません。おそらくそれが原因で、ヒトのように外見の種内多様性を増大させることはありませんでした。

つまり私たちは、**ホモ・サピエンスの見かけの多様性にだまされています**。容姿の多様化は、世界拡散に伴って一部の遺伝子が変化した結果と考えられますが、その視覚上のインパクトに惑わされ、私たちは人間どうしの違いを意識の奥で過大評価しているのです。本当は図7－1が示すように、私たちは遺伝的多様性の乏しい種なのです。

「何だか、かき氷のシロップみたいですね。原料は同じなのに、着色料と香料だけでイチゴ味、メロン味、レモン味といっている……」

いいこと言いますね！　まさにそういうことです。

では次に、私たちにはなぜ外見に大きな多様性があるのかを、2つの例から見ていきたいと思います。

肌の色が異なることの意味

皮膚の色は私たちの視覚にとても大きなインパクトを与えるので、人は昔から遠方の異民族を、黒い人、赤い人、黄色い人、白い人のように区別してきました。近現代においても、黒色人種、白色人種、黄色人種などと、肌の色が人種分類のメルクマールとなってい

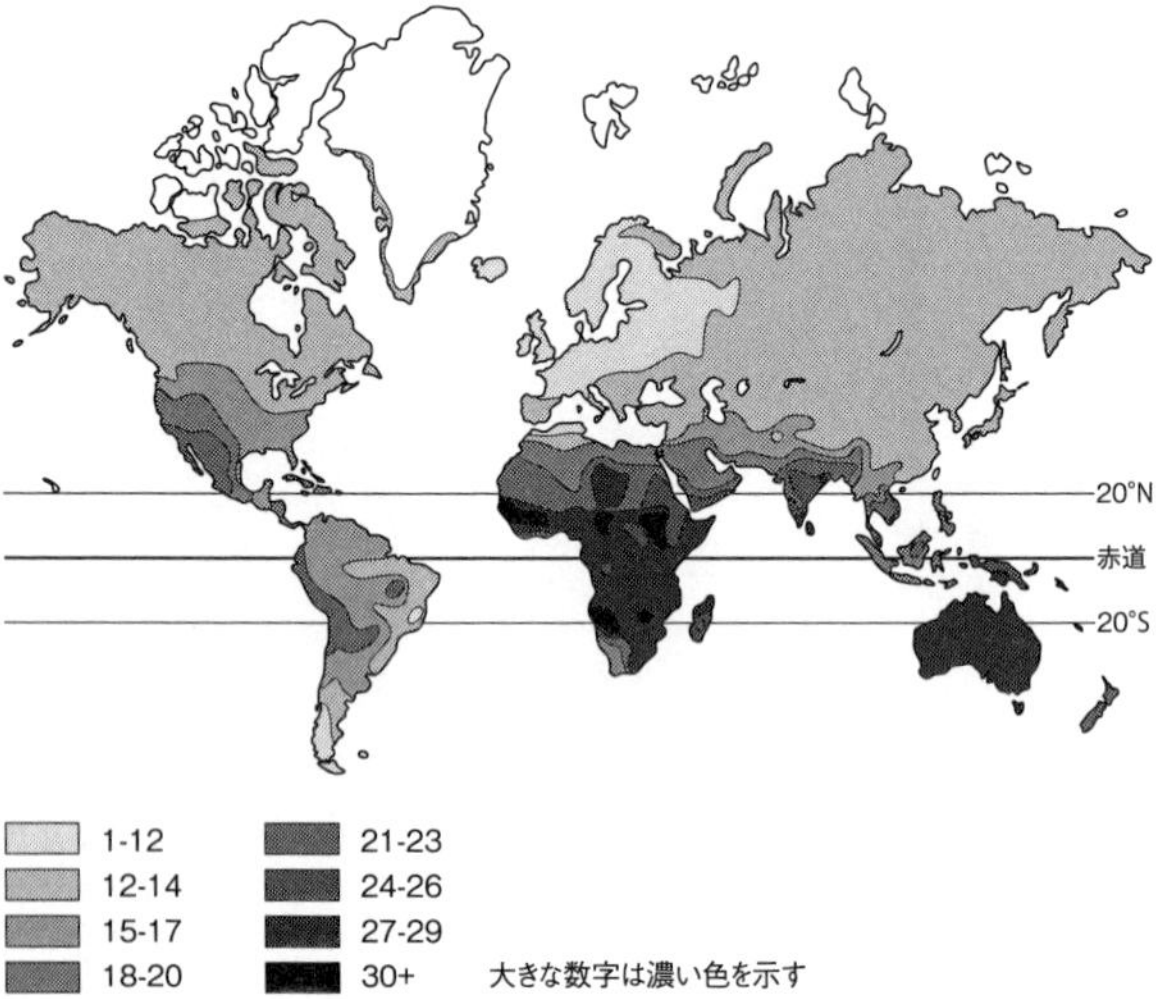

図 7-2 ヒトの皮膚色の地理分布。1940 年以前に各地の在来系集団を対象に収集されたデータに基づく。
https://www2.palomar.edu/anthro/adapt/adapt_4.htm の図をもとに作成。

ます。しかし本当のところは、皮膚色で世界の現代人集団をきれいに分類できるわけでないことは、既に話した通りです。

実際に調べてみると、皮膚色の地理的分布は緯度と逆相関していて、いわゆる3大人種の分類とは整合しません。図7－2は、大航海時代以降の大規模な移民（新大陸などへ移住したヨーロッパ人や、アフリカから奴隷として連れてこられた人々など）の影響を除いた皮膚色の分布図ですが、高緯度地域の集団ほど肌の色が薄く、赤道に近い低緯度地域の集団ほど濃い傾向があることがわかります。

ではこうした皮膚色の違いはいつ、

なぜ現れたのでしょう？　そもそも人類の祖先の肌は、何色だったのでしょうか？　この謎に迫るには、肌の色がどのように変異するのか、その生理学的な仕組みについて知っておく必要があります。

肌の色を決める主役は、皮膚で合成されるメラニン色素です。メラニンには2種があり、ユーメラニン（真性メラニン）は褐色、フェオメラニンは黄赤色の色味を与えます。ユーメラニンが皮膚に多く沈着するとその色は濃くなり、少ないと、皮下の結合組織や血中のヘモグロビンの色の影響もあって明るい色になります。

ちなみにメラニンは毛髪の色にも関わっていて、2種のメラニンの割合で栗毛、赤毛、金髪などの変異が生じます。日本人に多い黒髪は、大量のユーメラニンによるものです。ヒトの眼の色の個人差は、黒い瞳（瞳孔）の周囲にある虹彩と呼ばれる領域に現れますが、これにもメラニン色素が関与しています。

ところで太陽光中の紫外線は、浴びすぎるといくつかの不都合を引き起こすことを知っていますね。重度の日焼けになれば、発汗などの皮膚機能が障害されます。水溶性ビタミンの1つで赤血球生産や胎児の発育に関わる葉酸は、皮膚の血管内を流動している際に紫外線が当たると分解してしまいます。また、紫外線は体内の生体分子を不安定化させるので、長期的にはDNAにダメージを与えて皮膚がんを誘発します。

だから私たちは、過剰な紫外線から身体を守らなければなりません。特にホモ属の人類は、原人かそれ以前の猿人の段階で体毛を薄くしたと考えられますので、日光の皮膚への影響は深刻です。そこでメラニンの出番なのですが、この色素には紫外線を吸収する作用があって皮膚においてこれをブロックしてくれるのです。つまり人類にとっての紫外線問題を解決する重責を担っているのがメラニン、というわけです。

体内でメラニンを生産しているのは、表皮の基底部にあるメラノサイトという特殊な細胞です。皮膚は体内の組織を外界刺激から守り、同時に外部環境をモニターするという、一人二役を担っていますが、それを果たせるように真皮と表皮の二層構造になっています。真皮は、皮膚機能の維持に必要な血管、神経、毛包《もうほう》、汗腺などを含んでおり、それらを守るように覆っているのが、ケラチン質の表皮です。メラノサイトが分布するのはその表皮の基底部で、メラニンを生産して他の表皮の細胞に送り込み、表皮にメラニンを沈着させています。この巧妙な構造により、大切な真皮の細胞が紫外線から守られているのです。

ところが紫外線は、有害なばかりではありません。ビタミンDは血中のカルシウム濃度を調節する重要な分子ですが、その合成のためには紫外線を浴びる必要があります。ビタミンDは魚介類などから食物として摂取することも可能ですが、そのどちらもしないとなると、発育期の子供の骨が曲がる「くる病」になったり、大人になっても骨折しやすい骨軟化症を患うことになってしまいます。つまり紫外線照射量の少ない地域では、メラニンを大量合成してしまうと、逆に不具合が起こるのです。

こう理解すると、なぜ現代人の皮膚色が「緯度と関係している」のかがわかりますね。赤道付近は太陽の光が強烈で、紫外線が過剰ですが、高緯度地域では太陽光が斜めから入ってくるので、紫外線も多くが大気の層で吸収され、地表に届く量はわずかです。つまり**肌の色の変異が緯度と対応しているのは、緯度によって紫外線照射量が違うから**ということになります。低緯度地域では強い紫外線を防ぐためにメラニンが多く必要となり、高緯度地域では弱い日光でもビタミンDをしっかり合成できるよう、メラニン生産を抑制しているわけです。

専門家の間では、紫外線による障害の中でどれが一番問題なのか、あるいはビタミンD合成の低下がどのような影響を身体に与えるのかといった点について、論戦が続けられています。それでも紫外線がホモ・サピエンスの皮膚色の多様性に強く影響したことは、間違いありません。

では次に、メラニンの生産量は人によってどうして変わるのでしょうか？　面白いことに、私たち一人一人が保有している色素細胞メラノサイトの数は、皮膚色と関係なく、誰でもほぼ等しいようです。メラニン合成が先天的にうまくいかないアルビノ（白子症）の個体でも、同等の数のメラノサイトがあることが知られています。つまり肌の色に関係なく、誰でもメラニン生産のための工場は持っていて、肌の色を濃くする準備はできているわけです。違いを生んでいるのは工場の稼働率、つまりメラノサイトがメラニンを生産する活性の差にあるようです。

メラニンはメラノサイトにおいて、いくつかのステップを経て合成されます。遺伝子がその各段階へどのような指示を出しているかはまだ不明ですが、そうした複数のステップに様々な指示を出している多数の遺伝子が存在することが、つきとめられています。つまり工場の複雑な工程の各段階を指示する監督が、複数名いると思えばいいでしょう。それらの監督の誰かが病欠したりする（＝遺伝子が突然変異で傷ついて機能しなくなる）ことがあれば、メラニン生産が滞るわけですが、そうした可能性はいく通りもあるので、メラニン生産活性を阻害する方法も多数あることになります。

それでは以上の理解をもとに、現代人の肌の色の違いが形成されていった歴史を復元してみましょう。アフリカで誕生した初期のホモ・サピエンスは、何色の肌をしていたと予想されますか？

「……褐色だと思います。」

それが妥当な答えですよね。実際にそうであったことが、最近の古代ゲノム解析から示唆されています。出アフリカして間もない時期のヨーロッパ周辺のホモ・サピエンスの人骨化石からは、明るい皮膚色と関連する変異が検出されませんでした。つまり出アフリカ後にユーラシアの高緯度地域へと移住した集団において、ある時間を経てメラニン生産が抑えられるようになったと推定されます。

現代人を対象にした遺伝学的研究も、やはりこのシナリオを支持しています。MC1Rはユーメラニンの生産に関わる遺伝子の1つですが、現代アフリカ集団の中ではこの遺伝子に個人差が見られないことがわかりました。これはこの遺伝子が重要であるために変化が抑制されていた、つまりアフリカ集団において濃い皮膚色を維持しようとする選択圧が働いていたことを意味します。

一方のユーラシアに目を転じると、メラニン生産に関与する遺伝子の多くが変異を起こしているのですが、面白いことにその様態がアジア人とヨーロッパ人で違うことがわかってきています。先ほどの工場にたとえると、両地域とも工場そのものは祖先からのコピーなので、同じ監督体制を受け継いでいます。しかし両地域で別の監督がサボったり休んだりするようになり、結果として、事情に違いはありますがどちらも生産効率を落としたわけです。このことは、ユーラシア各地へ分かれて広がったそれぞれの集団が、それぞれの歴史をたどったというシナリオとよく合っています。

しかし図7－2をよく見ると、低緯度地域の集団がみな一様に濃い皮膚色をしているわけではありません。そのことはどう説明されるのでしょうか?

まず中南米の先住民族ですが、彼ら彼女らは、シベリア〜アラスカ経由で1万5000年頃にアメリカ大陸へ踏み入った「最初のアメリカ人」の子孫です。その祖先たちが明るい肌の集団だったなら、中南米の赤道付近において、再度濃い皮膚色へ戻ろうとする逆戻りの進化が起こったでしょう。しかしそこは森林が卓越する上、時の経過もまだ1万5000年ほどですから、逆戻り進化があってもその程度は限られていると解釈できます。

次に東南アジアの人々は、スリランカの人々ほど肌の色が濃くありませんが、前者には数千年前に北方から農耕民の移住があったと考えられていますので、その影響と理解できます。さらに南アフリカには、肌の色が薄めの先住民コイサンと、肌の色が濃いズールーが暮らしていますが、後者は赤道付近から南下してきた移住者と考えられています。従って皮膚色の地理変異は紫外線と関連して生じたと考えて、矛盾はありません。

では、明るい肌の色の進化はどうして起こったのでしょうか? ユーラシアの北方でメラニン生産を抑える選択圧が働いた痕跡があるのですが、その選択圧の候補としては、やはりビタミンD合成の維持が最有力です。

このように皮膚色を決めるのは、紫外線を防御するメラニンの生産調整に関わる遺伝子群の変異であることがわかりました。ところが、色覚を発達させた真猿類の遺産を受け継ぐ私たちは、色の違いに強く反応して、あたかも集団間にもっと大きな本質的違いが存在するかのように錯覚してしまいます。そこに、人と人の違いを過大評価してしまう、1つのわながあるのです。

体型の違いはなぜ生じたか

背の高い外国人と一緒に歩くと、自分の脚の短さを痛感させられます。私自身は比較的健脚なのですが、オランダ人やドイツ人らと野外調査をともにすると、歩幅で勝る彼らの歩くスピードにどうしても追い付けません。「自分は背が低いので、小柄ながら大リーグで活躍したイチロー選手のファンだ」というアメリカ人研究者と、後から必死に追いかけたことが思い出されます。

スポーツの国際試合をみていても、そうした身体サイズの地域差がわかりますよね。日本選手よりも体格で勝る欧米などの国もあれば、逆に日本チームが体格で有利となる東南アジアのような地域もあります。

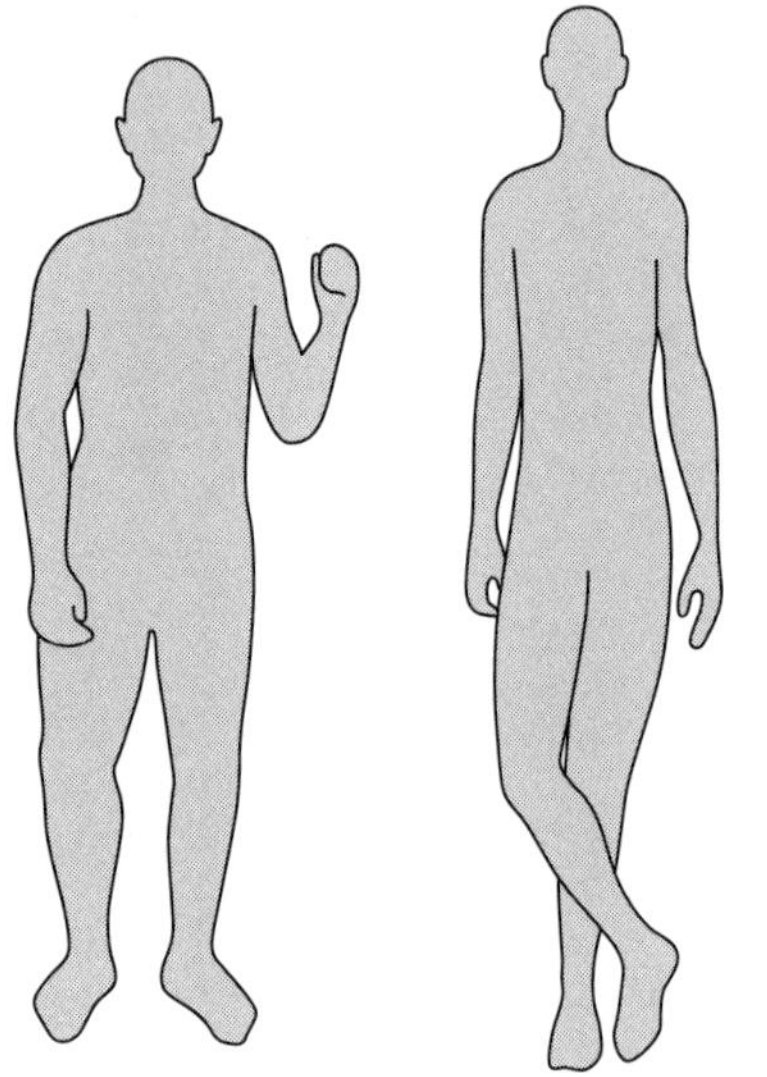

図 7-3　現代人にみられる２つの代表的な体型。左）極北地域の典型的な体型。右）アフリカの赤道付近に典型的な体型。Foley and Lewin（2003）の図を改編。

地理的な違いがあるのは、身体の大きさだけではありません。スリムで腕と脚が長い体型は、赤道付近に暮らす人々に多く、その対極にある胴が太めで腕と脚が短い体型は、高緯度地域で多くみられます（図７－３）。アジアの中でも、例えばインドネシア人は日本人より平均的に背が低いですが、体型としては脚長です。もちろん集団の中には常に大きな個人差があるのですが、平均値で比べるとそうした傾向が浮かび上がってきます。

このような違いがどうして生まれたのか、明快な仮説があるので紹介しましょう。それは１００年以上前の動物生理学において見出されたもので、ベルクマンの法則とアレンの法則と呼ばれています。

ベルクマンの法則は、「同じグループの恒温動物（哺乳類や鳥類）を比較すると、寒冷地に生息するグループは温暖地域のグループと比べて身体サイズが大きい」というものです。例えばクマでは、最大の種は極北のホッキョクグマや北海道にもいるヒグマで、最小の種は東南アジアに生息するマレーグマ。トラはユーラシアの寒帯（アムール川流域など）から熱帯（南〜東南アジア）にかけて生息していますが、いくつか知られる亜種の中でも北方にいるアムールトラが最大です。シカ科でも、体重が1トンに迫ることもあるヘラジカや、1万年ほど前に絶滅した巨大なオオツノジカは、やはりユーラシアやアメリカ大陸の北方を代表する種でした。

一方の**アレンの法則**は、「同じグループの動物では、寒冷地に生息する集団は温暖地域の集団と比べて、胴体サイズに対して突出部（四肢、尾、耳、顔など）が小さい」というものです。前出のクマでも、ホッキョクグマとマレーグマで比べると、前者の方が四肢もがっしりしていて全体に丸みがあります。アフリカゾウの耳は非常に大きいですが、同じゾウの仲間でも、シベリアにいたマンモスの耳は小さかったことが知られています（永久凍土中から発見されたミイラ個体からわかったことです）。

どちらの法則も、体熱と深い関わりがあります。細胞の活動は一定の温度下で正常に営まれるので（ヒトなら37度）、寒冷地の動物たちは体熱の放散を防ぎ、逆に熱帯地域の動物なら体熱を外に逃がして体温の過剰な上昇を防ぐ必要が生じます。物体の面積は径の2乗に比例しますが、体積は径の3乗に比例します。だから、大きく丸っこい物体は体積当たりの表面積が小さくなり、体熱の放散を防ぎやすくなります。逆に、小さく細く突出物が長い物体は体積あたりの表面積が大きくなるため、体熱の放散が促進されます。

もちろん動物のボディデザインは、採食や外敵への対応など、生命に関わるいくつもの大事な機能と関連しているので、熱の問題だけで決まるわけではありません。だから2つの生態地理学的法則がうまく当てはまらない例も、少なくはありません。それでも**熱の問題は動物の生存に影響する重要な因子の1つであり、ホモ・サピエンスの地理変異パターンも、かなりの部分がこれらの法則で説明される**ようです。

ではそういう目で、現代人の変異を見てみましょう。まず身体サイズ（ベルクマンの法則）のパラメータとして身長に注目しますが、その前に、身長に対する生活環境の影響について整理しておきます。20世紀における印象的な例として、韓国では女性の平均身長が20・2cm伸び、イランでは男性の平均身長が16・5cm高くなったと推定されています。しかし栄養状態が良ければ身長が無限に伸びるわけではありません。日本の高校生の平均身長は、戦後の食生活改善とともに伸び続けましたが、政府統計によればそれは1990年代後半に頭打ちとなりました。つまり身長は環境でどうにでもなるものではなく、そのべースラインは遺伝子にコントロールされていて、環境が寄与できるのはある限られた範囲ということになります。身長に遺伝子が関与していることは、親の身長が子に反映されることからも経験的に予測できますし、実際に双生児の研究から示されています。

ただし身長は、１つの遺伝子によって決まるような単純なものではありません。今ではヒトゲノム上の数百から数千か所におよぶ変異の総体として身長がコントロールされることがわかっていますが、現実にどの遺伝子がどのように働いているのかは、まだわかっていません。

では遺伝子と環境の条件が整ったとき、現代人はどれくらいの大きさにまでなれるのでしょうか？　過去１００年の統計が示すところでは、最も高身長だったのは20世紀末に生まれたオランダ人の男性で、その平均身長は１８３cmでした。逆に最も低かったのは、19世紀末のグアテマラの女性で、平均身長は約１４０cmでした。

身長には遺伝と環境の双方が関与しているという注意事項を踏まえた上で、各地で大なり小なり栄養状態の改善が進んだ21世紀初頭における、成人身長の地域変異を見てみましょう。図７－４は、世界の７９４名にのぼる研究者が協力して推計した、各国における平均身長を示したものです。アメリカ大陸、南アフリカ、オーストラリア、シベリアなどには、16世紀以降のヨーロッパ系を主とする移住者（アメリカ大陸の場合はアフリカから連れて

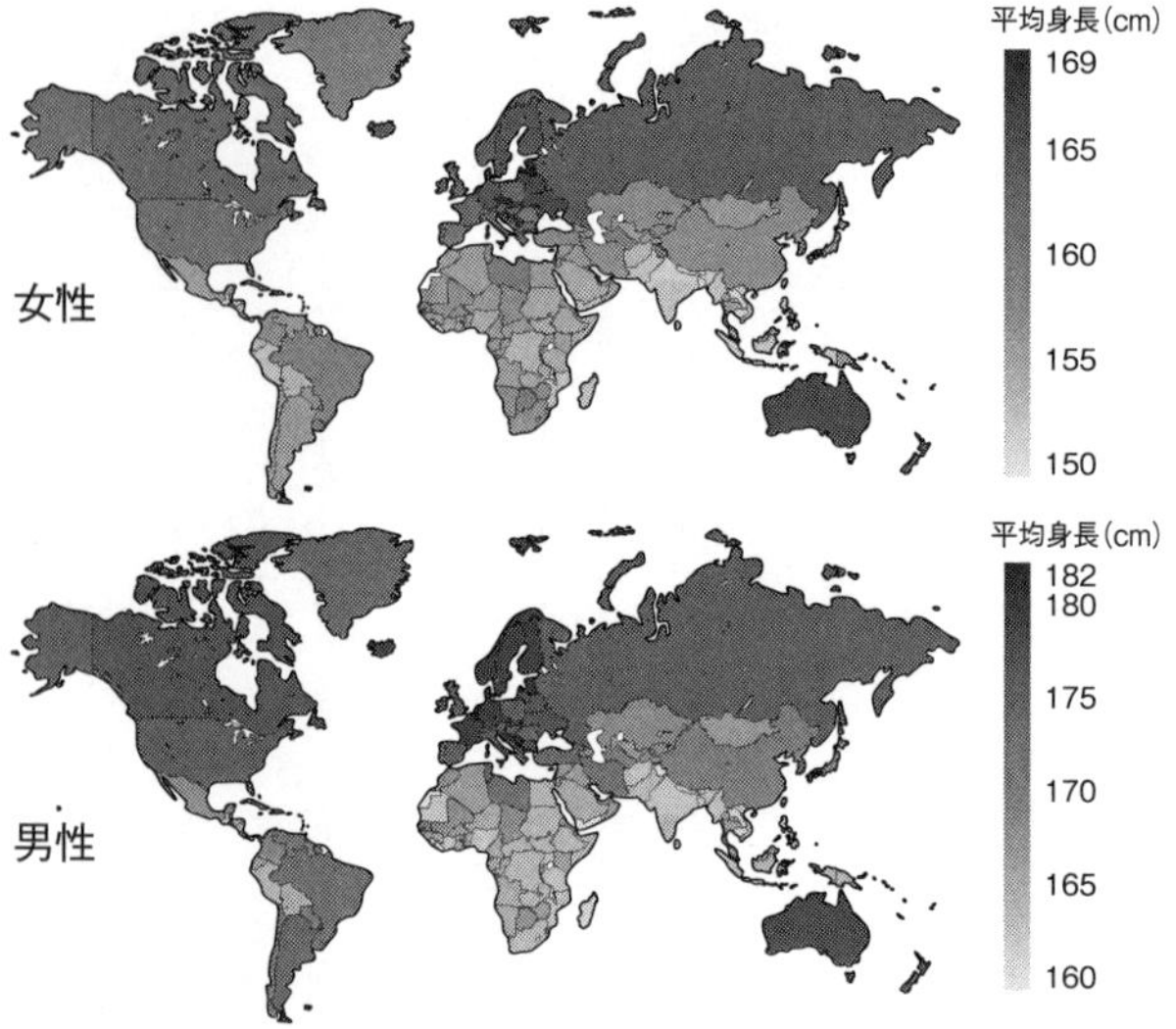

図 7-4　1996 年生まれの人々の国別平均身長の推定値。
NCD Risk Factor Collaboration（2016）の図をもとに作成。

こられた者たちの子孫も）が多く混じっていることに注意してください。その影響が薄いヨーロッパやアジアも含めて、全体的に高緯度地域の人々は大柄で、低緯度地域では小柄である傾向を確認できます。

　では、体型（広い意味でのアレンの法則）はどうでしょう？　体型がスリムかどうかをみるために、体重（kg）を身長（m）の二乗で割ったＢＭＩ（body mass index）を比較した研究例があるので紹介します。ＢＭＩは体脂肪の推定でよく用いられ、これが小さければスリムで、大きければ丸っこい体型ということになります。図７－５は北半球の現代人集団について、緯度とＢＭＩの関係を調べたものです。コロンブス以後の大移動の影響を除くため、１４９２年以前からその土地に居住していたと考えられる集団を対象とした男性のデータなのですが、低緯度の熱帯域の集団ほど体型がスリムである傾向が読み取れます。

ただし体重は食環境による増減が激しいので、その解釈には注意を要します。そこでもう1つ、脚の長さと腰の幅を比べた例を示しましょう（図７－６）。この方法では人骨を計測しているので、体脂肪の蓄積の影響を受けないばかりか、過去の集団も比較に加えられるメリットがあります。この図では、アフリカ、ヨーロッパ、カナダの7集団の平均値とともに、日本の縄文人、弥生人、江戸時代人の個体データをプロットしました。斜めの直線は、縄文人と弥生人を合わせた回帰直線（主軸）で、このラインより上にくれば胴幅に対して脚長、下にくれば短足（短脚）と考

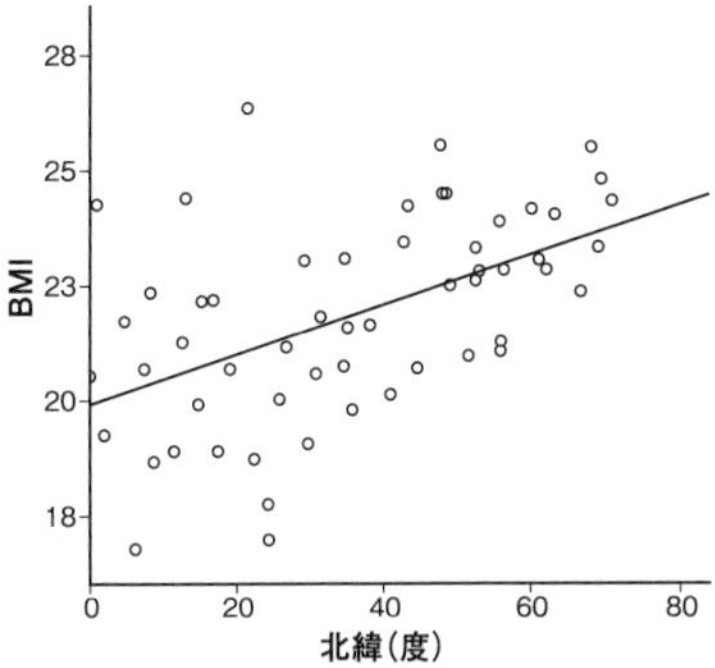

図7-5　北半球の現代人集団における緯度とBMIの関係。地域によるサンプルバイアスを調整する統計的操作を加えてある。Foster and Collard（2013）の図をもとに作成。

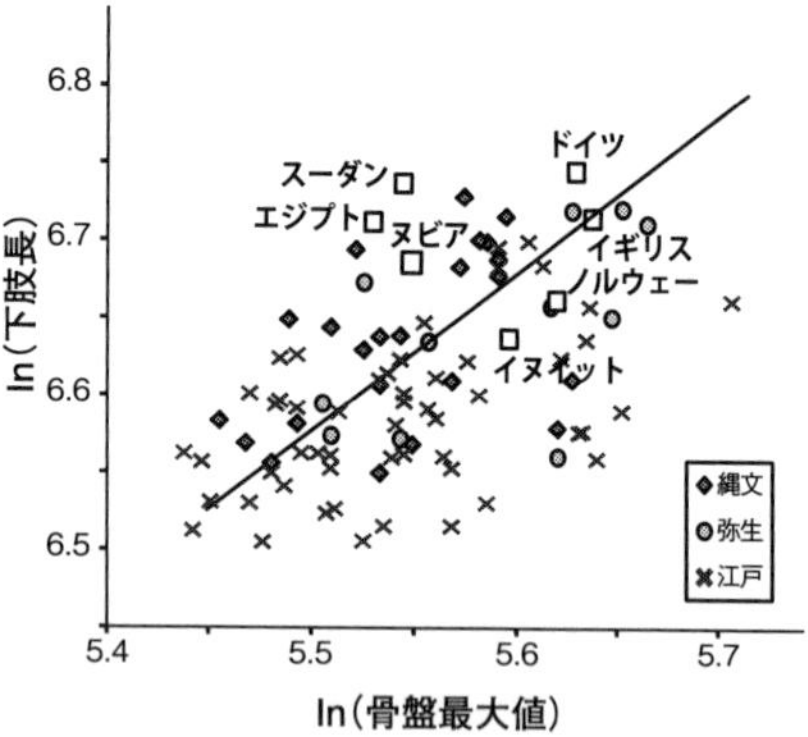

図7-6 ヒト集団間での脚長(縦軸)と腰幅(横軸)の比較。それぞれ自然対数で示してある。海外のサンプルは集団平均値を、日本のサンプルは個体データを示した。田原・海部(2015)の図を改編。

えてください。ここでも脚長傾向があるのはアフリカ人で、極北のイヌイットやノルウェー人は脚が相対的に短かく、ドイツ人やイギリス人は両者の中間におさまっていることがわかります。

この図でもう1つ大事なポイントが、集団内の個体変異です。日本の3集団について各個体のばらつきを見てみると、アフリカ人の平均値に迫る者もいれば、イヌイットの平均値を大きく下回る者もいます。つまり世界の集団に平均値の違いはあるが、**集団の中の個人差も相当大きい**ことがわかります。

「日本人離れした××」という表現を時折耳にしますが、この実態を知ればそういう人がいることも不思議ではなくなるでしょう。アフリカ出身の留学生が、「アフリカ人はみな運動が得意と思われていて困る」と嘆くのも、うなずける話です。ホモ・サピエンスの地域集団の内部には、このように大きな個人差があります。

DNAで出身国がわかることの意味

ここでホモ・サピエンスのゲノム多様性のもう1つの大事な側面について、話しておきましょう。それは「現代の技術を用いれば、個人の核ゲノムデータからその人の出身国がおおよそわかる」という事実についてです。

例えばヨーロッパ人の核ゲノムを解析すれば、スペイン人、フランス人、イタリア人、イギリス人などと、個々人の出身国や地域をかなり正確に判別できることが報告されています。同様に中国人（漢民族）、韓国人、日本人をかなりの精度で分けることもでき、日本国内でもアイヌ、本土人、沖縄の人々の判別や、さらに沖縄島、宮古島、八重山諸島などの出身者を言い当てることも可能です。ではこの事実と今まで話してきた事実がどう整合するか、わかりますか？

「ちょっとわからなくなってきました。今の話は、これまで聞いてきた『ホモ・サピエンスの遺伝的変異は小さい』という話と矛盾している気がします。」

そこがポイントなのですが、実は矛盾はしていません。結論からいうと、「集団間の違いはごく微小だが、それを分析できる技術がある」という答えになるのですが、もう少し

図 7-7　現代人における一般的な地域間の遺伝的変異のあり方。円は各地域集団内での個人差の範囲を示す。

具体的に説明しましょう。

現代人では、31億塩基対あるゲノム中の1%強の部分が個人差を示すと推定されています。その部分を詳しく解析すると、世界各地の地域集団の間で、個人差のパターンがよく似ていることがわかりました。これは**現代人が有する遺伝的変異の大部分は、ホモ・サピエンスがアフリカを出て各地に分散する前から存在していた**ことを示しています。

一方で、ホモ・サピエンスは10万～5万年前以降に分散して様々な地域集団に分かれたことにより、集団ごとの特異性を持つようにもなりました。特に現在につながる国家や地域集団が形成されると、それが人々の婚姻（血縁的交流）の主な範囲になっていくため、国ごとに遺伝的独自性が生まれていきます。しかしそうした分断の歴史は過去数百か数千年ほどと浅いので、各国や地域に固有な違いはわずかでしかありません。

図7－7のような状況をイメージしてください。A地域とB地域の住人は個人差の重なりが大きく全体としては互いに似ていますが、両地域間でわずかな違いがあるために、少

し分布がずれています。このように**現代人において、集団間の違いを示す遺伝的要素は微小**です。しかし今はそのわずかな部分を検出して数学的に取り出す技術があるので、それを使えば集団の判別ができるのです。

人類学の研究者にとっては、この小さな違いが主な研究の関心となります。そのため皆さんは、「違う」という研究成果の報道ばかりを耳にすることになるでしょう。その中でも人間の本質を見誤らないために、ここで話した遺伝的変異の実態を正しく理解しておいてほしいと思います。

失われた人類の多様性

ホモ・サピエンスが示す外見の多様性の実態と、その裏に隠れた、私たちの意外な共通性について話してきました。ではこの節の最後に、700万年の人類史の中での多様性の推移について考えます。

図7－8は、人類の進化史を表現した系統樹と呼ばれる図です。初期の猿人の多様性については不明なことも多いのですが、300万～200万年前の間には注目すべき多様化が生じています。まず猿人がアフリカ大陸の中で3つほどの系統に分かれ、さらに原人と呼ばれるホモ属の原始的なグループが出現します。その後、原人の一部がユーラシアへ進

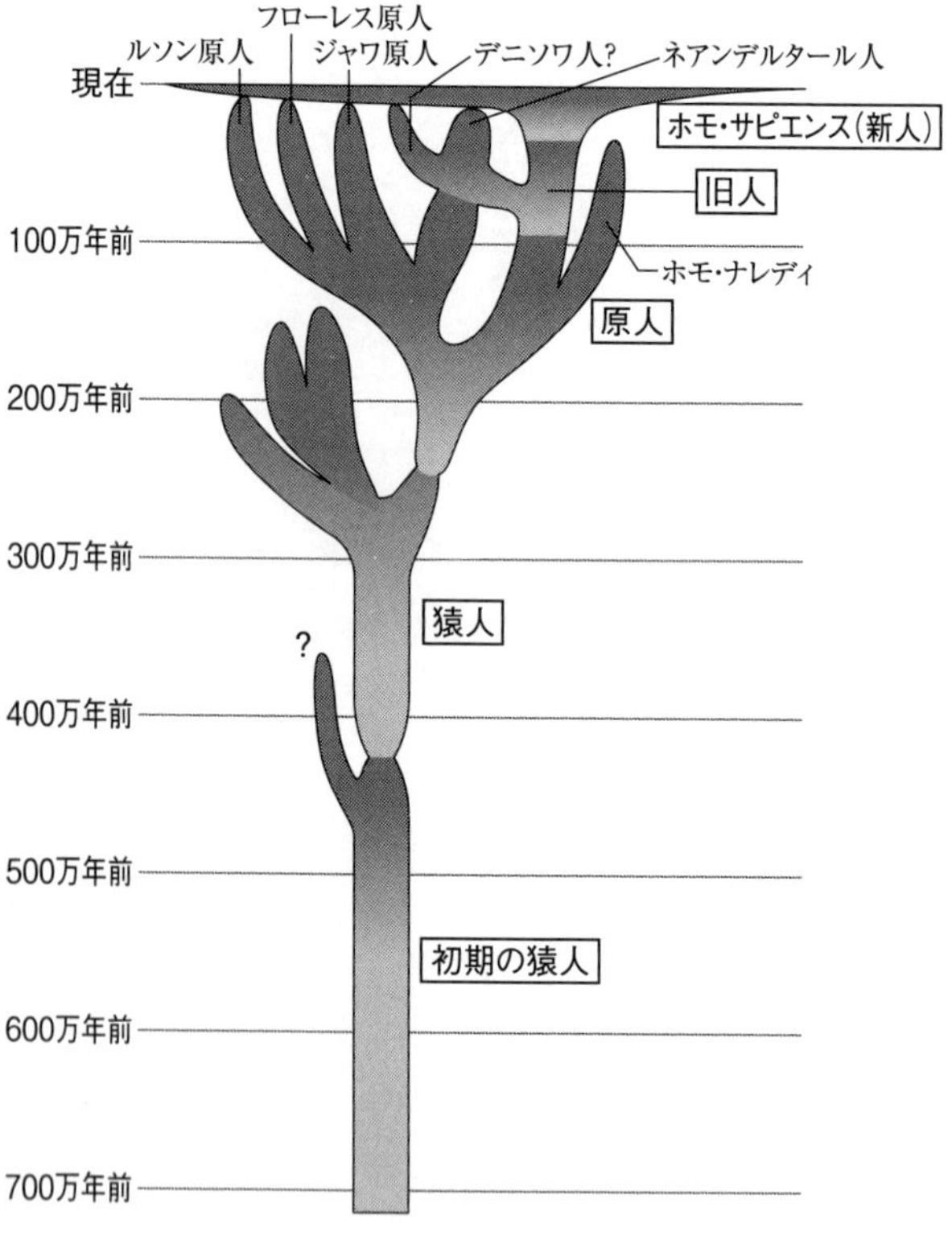

図 7-8　人類の進化系統樹。2020 年時点の情報をもとに、全体像を示すことを目的として、著者による推定を含め一部を単純化して描いたもの。

出しますが、アフリカにはまだ猿人が2～3種がいて、それらが140万年前頃に絶滅するまで、原人も合わせた複数の人類の種が地球上に共存していました。

それ以降はホモ属だけの世界となりますが、ここでも新たな多様化が生じています。図7－8の100万年前以降の部分に注目してほしいのですが、ネアンデルタール人やデニソワ人を含むいくつかの旧人のグループ、東南アジアで存続していたジャワ原人、フローレス原人、ルソン原人、そして南アフリカのホモ・ナレディ（ナレディ原人？）などが共存していました（詳しくは第5・6章を参照してください）。

一方のアフリカ大陸では、30万年～10万年前にホモ・サピエンスが出現して、やがて世界へ大拡散していくわけですよね。図7－9は、祖先たちがまさにその大拡散をはじめようという頃の世界を復元したものです。ユーラシアの各地には原人と旧人のいくつかの種が分布していて、なかなかにぎやかだったことがわかります。

「現代人はホモ・サピエンスという1つの種ということは理解したのですが、原人や旧人の種というのはどうやって認識するのでしょうか？」

大事な質問ですね。今はいない化石種をどう定義すべきか、専門家の間でもきちんとし

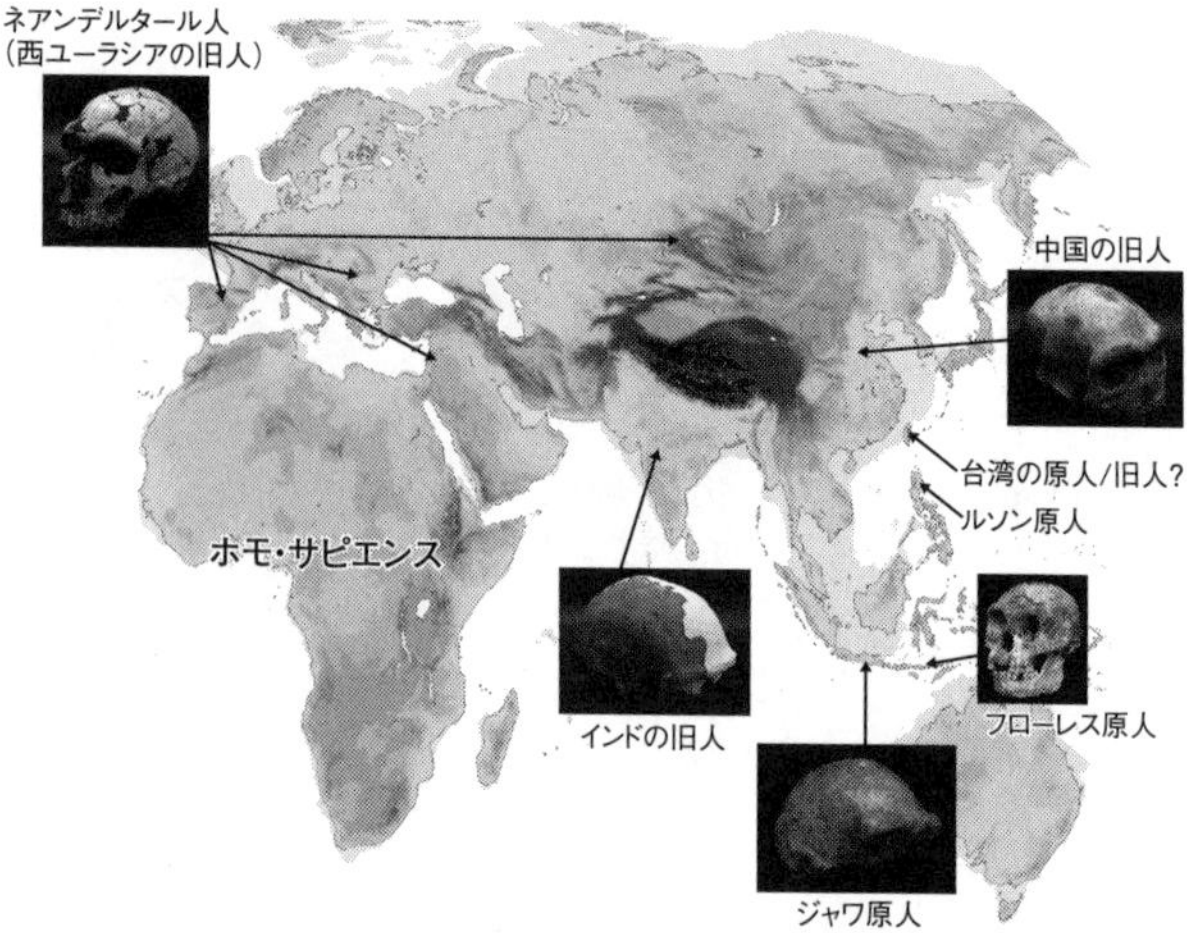

図7-9　10万年前頃の世界。アフリカにはホモ・サピエンスがいる一方、ユーラシア各地には多様な原人や旧人の集団が暮らしていた。示してある個々の化石の年代は様々で10万年前とは限らない。実態が不明なデニソワ人はここに含めていない。

た合意に至っていないため、分類はまだ混乱している部分があります。それでも、歴史上ある程度の期間、例えば数十万年とかですが、独自性をもって存在していたとみなせるグループは種として扱おうというのが大方の意見です。そこでジャワ原人とフローレス原人を種として区別する、ホモ・ナレディも独立の種とするといった見解は、異論なく受け入れられています。ですのでホモ・サピエンスの出現当時に、地球上に何種の人類がいたかを明言できませんが、複数いたことは間違いありません。それに、まだ化石が未発見の空白地帯も地球上には多く残っていますので、今後新しい発見があれば、

図7－9はもっとにぎやかになるかもしれません。

つまりかつては、地球上の異なる場所には異なる種の人類がいるというのが、ふつうだったわけです。その意味で人類は、本当に多様でした。これと比べて**ホモ・サピエンスしかいない現在は、人類の多様性が失われた時代**ということになります。私たちは日ごろ世界中の現代人を〝多様〟と表しますが、10万年前の人類の多様さは、それをはるかに凌駕していました。

まとめ　わからないことと、考えるべきこと

20世紀後半から科学が科学らしくなり、人種についての考え方が修正され、ヒトの多様性についての理解が進みましたが、それでもまだわかっていないことはいろいろとあります。

例えば現代人の顔つきや毛髪形状なども地域による違いがありますが、それがどうして生まれたのかは、よくわかっていません。現代人の遺伝的多様性はわずかだと述べてきま

したが、そのDNAのわずかな変異が、実際にどのような機能上の違いを生んでいるのかも、まだかなりの部分が不明です。本章で説明したように、これらの一部は肌の色や、身長、体型の多様性に関与していることがわかっています。また、ここでは紹介しませんでしたが、お酒に強いか弱いか（現代日本人は下戸のタイプが多いのですが、縄文人はそうではありませんでした）、歯のかたち、耳垢のタイプ、高地の低酸素環境に有利な適応など、他にも地域差を生んでいる遺伝的変異が多数特定されてはいるのですが、現代人の遺伝的多様性の全貌が理解されるまでは、まだまだ月日がかかりそうです。

それからもう1つの大きな謎は、人の容姿についての好みやコンプレックスがどのように生まれ、何によって変動するかです。日本でも、平安時代と現代で異性の容姿についての好みが変わるというのはよく語られるところですが、そうした心理がなぜ生まれるのかはよくわかりません。体型でいえば、現代では脚長の八頭身のようなスタイルに憧れを持つ人が多いようですが、本来、脚長にも胴長短脚にもそれぞれの適応進化上の意味がありますので、生物学的にはどちらも優れています。小顔というのは、顎の骨が小さいため歯並びの乱れを起こしやすく不都合なのですが、それが好まれるというのも人類学的には謎です。このように人間の心には現代の知識では説明しきれない部分がありますが、それも人間の興味深い奥深さだと私は思います。

さて、わからないこともいろいろありますが、この章の話をまとめましょう。

〈第7章のまとめ〉

・人種分類の試みは大航海時代以降にヨーロッパではじまったが、結局、明確な分類はできないという認識に至った。
・かつてヨーロッパ人が生まれつき優秀だと広く信じられていたが、現在の知見からそのような集団間の生得的な優劣は否定されている。
・ホモ・サピエンスは世界へ広がったために、肌の色や体型などの容姿の多様性が増したが、種としての歴史が浅いために遺伝的多様性は乏しい。この《ヒト多様性のパラドックス》は人間らしさの一側面。
・地球上の人類は現在ホモ・サピエンス1種しかおらず、原人や旧人がいた時代に比べて人類の多様性は失われた。
・過去における人種についての誤った考えが政治経済的動機で悪用され、人種差別と虐待の悲劇を招いた歴史がある。

では最後に、人種差別や民族差別という重い課題をどうしたらよいのか、考えてみることにしましょう。第二次大戦後には、国連の世界人権宣言（1948年）や人種差別撤廃条約の採択（1965年・日本の加入は1995年）、ユネスコによる反人種主義の声明（1950・1951年ほか）など、これらを反省し解決へ動こうとする国際的取り組みがなされてきました。それでも差別は時に姿を変えながら社会に存在し続けていますし、国や地域によっては特定の民族をターゲットにした抑圧やジェノサイドが未だ続けられています。

この終わらぬ課題について、私たちがすべき大事なことって何だと思いますか？　差別に反対すること、差別する側・される側の心理を理解することなどがまず挙げられますが、人類学の立場からは何ができるでしょうか？

「やっぱり知ることが大切だと思いました。違いは意外に大きくないとか、肌の色などの違いには自然な理由があるとか、人類学の知識を持っているのと持っていないのとでは、相手に対する見方が変わると思います。」

文化人類学者の竹沢泰子は、「**人種差別と闘う鍵は学ぶことだ**」と言っていますが、私も全く同感です。人間についての誤解や知識不足があっては、お互いを理解はできません。日本社会の中にも、互いが互いを尊重し合える共生関係を目指して、まだまだ知るべきことがたくさんありますよね。

「東京オリンピック２０２０でアイヌの人たちのパフォーマンスを観たりしましたが、格好よかったしもっと知りたいと思いました。」

ぜひ勉強してください。今は評判のアイヌ漫画もあるし、北海道にはアイヌ文化に触れることのできる「ウポポイ（民族共生象徴空間）」がオープンしましたよね。私も先日見学に行ってきましたが、アイヌの歴史や文化だけでなく、考え方が興味深くて、もっと知りたくなりました。多様な世界観や自然観に触れることは、人間についての理解を前進させ、私たち自身の人格を豊かにしてくれると思います。

それから使うことばも大事だと思います。背景をよく知らずに「人種」や「モンゴロイド」といった語を使う人も多いですが、《人種》は内容が定まらず、かつ優劣や差別と紐づいて使われてきた語なので、使うべきでないという意見もあります。しかし《人種差別》のような語を他で言い換えるのも困難ですから、意味に注意しながら必要なときに限って使うというのが現実的かもしれません。《モンゴロイド》については、そういう実体があるとの誤解を与えるし、歴史的に侮蔑の意味が込められていますので、もう使うべきではありません。もちろん、《コーカソイド》も《ネグロイド》も破棄すべき語です。

人種差別や民族差別、その他の差別を減らすためには、多様性に関連するこうした人類学の基礎知識を、できるだけ多くの人と共有することが必要ですね。21世紀になって私たちの知識はようやく本章にまとめたレベルまで来たのですが、世界には未だに20世紀初頭のような意識でいる人や組織や政権がいくつもあります。今では遺伝子決定論に基づく差別は影を潜めましたが、一部で行き過ぎた民族中心主義や宗教・宗派対立が目立つようになりました。多様性についての正しい知識を、どう届けていくかが、現在の大きな課題だと思います。

第8章

改めて人間らしさを考える

――私たちはなぜわかり合えるのか

「人間らしさ」をどう捉えるか

人間らしさとは何かというテーマで、まず現生のサルたちと比べたときの私たちの特性を調べ、それから人類が歩んできた700万年の歴史をたどってきました。そこからはっきり見えてくるのは、私たちは、祖先である類人猿の身体と心の様々な部分を少しずつ改変することによって、時間をかけて人間らしさを増してきたということだと思います。

その変化は、最初の500万年ほどの間は比較的ゆっくりとしていました。初期の猿人も猿人も、脳サイズや体型はチンパンジーとさして変わらず、故郷のアフリカを離れることもありませんでしたし、高度な道具文化を持つこともありませんでした。しかしこの時期に人類は木から降り、立ち上がって地上での活動を強め、おそらくオスの攻撃性が下がり、後にいくつもの人間らしさが生まれる重要な下地が出来上がっていったようです。

二百数十万年前にホモ属が登場すると、潮目が変わります。脳の増大、顔面と顎と歯の縮小、脚の伸長、肩の構造変化と、身体の人間らしさがぐっと増すようになりました。発汗機能と長距離走への適応も、この過程で発達したと考えられます。食べ物についても、積極的な肉食がはじまり、祖先的な植物中心のスタイルからの逸脱が明確になりました。

生息域もアフリカからユーラシアへ広がり、それまで肉食獣から逃げて身を守っていたのが、槍などの武器で連中を追い払う方へと立場が変わったことでしょう。さらに石器技術が向上し、火の使用がはじまり、仲間の遺骸をほったらかしにせず洞窟奥に運んだり、埋葬したりという行為も見られるようになります。

そんな進化の延長上に、アフリカで、ホモ・サピエンスと名づけられた私たちの種が出現しました。そこでは石・骨・角・象牙などの洗練された加工法、縫い針や釣り針など新たな道具の発明、わな猟の発達、機能的な衣服や住居、舟と航海技術の発明など様々な技術革新が起こり、人類は世界中へと大拡散を遂げました。ホモ・サピエンスの社会には、遠隔地への石材運搬や、大規模な居住跡のような、社会ネットワークの発達の痕跡も見られます。アクセサリーなどの身体装飾、壁画や彫刻などの芸術的活動、楽器、儀礼用と思われる不思議な物品、豪華な副葬品を伴う墓など、精神文化面でも人間らしさが開花しました。

こうしてたどってみて、皆さんはどう感じましたか？

「人間が類人猿から進化したというイメージを、かなりはっきり持てるようになりました。それから、人間になるまでに1つ1つ積み上げてきたものがあるところが、とても印象的でした。」

本当にそうですよね。積み上げたといえば、直立姿勢によって多彩な発声ができるようになったとか、肉食が脳増大の道を開いたとか、ある出来事が思いもよらない次の展開を導いたこともありましたよね。1つ1つの進化はその場への適応にすぎず、無目的に起こります。私たちは「今この選択をしておけば、後で開花するだろう」と予測に基づく将来計画を立てますが、進化はそのように起こらないことを第3章で話しました。そんな筋書きのない進化の果てに、アフリカの森にいた類人猿の端くれが、人間というとてつもないパワーの持ち主になったわけです。

「何だか、人間であることが貴重に思えてきました（笑）。」

偶然が重なって私たちが生まれた、ということは間違いありません。他の感想はありますか？

「人間らしさって、いろいろあるんだなって思いました。特に身体のことはあまり考えたことはなかったですが、投げるのが得意とか、汗をかくとか、アイコンタクトとか、言われてみれば確かにそうだと思いました。」

本当にそうですよね。ほかにも明らかな、あるいは実証は難しいですがほぼ間違いなく人間特有と思われるものに、衣服を持つ、小説を書く、積極的に教え学ぶ、ルールを定める、冗談を言う、宴会をする、信仰や宗教を持つ、美しさに感動する、自然を壮大だと思う、人生に生きがいを求めるなどがありますし、負の側面にも言及するなら、恨みの感情、同一集団内で繰り返されるいじめ、将来に絶望して自殺するなど、言い出したらきりがありません。考え続ければこのリストはもっと膨大になるので、本書では人間らしさのリストを完成することはあきらめます（笑）。

ともあれここではっきりするのは、私たちがどのような人間観を持つかは、この膨大なリストのどの部分を見て、それをどう解釈するかによるということですよね。つまり何が「人間らしさ」かは、どう気をつけても個々人の主観的判断になります。むしろそのように割り切って、**「1つの正しい人間観」を探そうとするより、異なる人生を歩んできた多くの人による多様な人間観に触れた方が有益だろう**と、私はそう思います。ただし個々の人間観を磨くには、人間らしさの成り立ちについての一定の知識が必要となりますので、この講義はその基本を学べるように構成してきました。

ではそんな理解のもと、この最後の章では、私自身がこれまで得てきた人間観について話したいと思います。芸術や冒険などいくつかの要素について、順を追って説明していきますので、少し長くなります。人間らしさを追求してきたある人類学者による、1つの人間観として聞いてください。

音楽と美術とファッション

どんな音楽が好きかは人それぞれでも、音楽なしの人生なんて、誰も考えたくないですよね。でも、なぜ私たちがこれほど音楽に入れ込み、そこに多大なエネルギーと時間を費やすのかは、大きな謎です。それは音楽が生命の維持や繁殖成功と直接関連しておらず、生物学の観点から何の役に立っているのかわからないからです。

鳥類のうちジュウシマツやカナリアなど、霊長類のテナガザル、そして鯨類のザトウクジラは、一定時間旋律のある連続的な発声をするといった意味で、〝歌う〟動物として知られています。しかしこれらの〝歌〟に歌詞はなく、曲調の変化も乏しく、用途は異性への求愛か、雄雌の絆の確認か、他個体に対する縄張りの主張に限られているようです。つまり、〝歌う〟ような行為は動物の世界ではとても珍しく、あったとしても自由なメッセージを持つものではありません。ヒト以外の動物の〝歌〟は、基本的に生存のための本能的行為と言えそうです。

そうした意味で、人間の音楽はとても変わっています。私たちは歌に様々な想いを込め、多彩な音色に感激し、飽きもせずに新曲をつくり続ける自由さをもつ一方、楽曲の中にはビートのようなリズムや特定のフレーズの繰り返しがあるなど、一定のルールもあります。そして何より、音楽は私たちにとって日常的な楽しみであり、癒しでもあり、友人や地域や不特定多数の人々との絆を深める社会的ツールでもあります。

ではそんな人間の音楽文化のルーツは、どこにあるのでしょう？　世界中の人間社会にそれぞれの音楽文化がある事実を思えば、その起源は出アフリカ前の共通祖先にたどれるはずです。しかし有機物でつくられた楽器が古い遺跡に残るチャンスは低く、残念ながらこの予測を考古学的に確かめるのはなかなか困難です。特に原初の楽器と想定される打楽器は、仮にその残骸が発見されても考古学者がそれと断定するのは困難でしょう。例えば日本の縄文土器の中には、皮を張って太鼓として用いた可能性を指摘されているものがあ

図8-1　象牙製のたて笛。こちらはドイツのガイセンクレステレ洞窟で発掘された。
撮影：Hilde Jensen, University of Tübingen, 提供：Nicholas Conard。

りますが、皮が朽ちて残らない以上、この仮説を検証することはできていません。そんな厳しい条件の中、幸いにもヨーロッパのクロマニョン人の遺跡で見つかっている証拠が、ヒントを与えてくれます。

ドイツ南西部にあるホーレ・フェルス洞窟とフォーゲルヘルト洞窟の4万〜3万5000年前の地層からは、2種の素材から作られた《たて笛》が見つかっています。一方は、22〜30cmほどの細長い円筒形をした鳥（ハゲワシ）の骨の側面に5つの穴を開け、吹き口にV字の切り込みを入れたものです。穴のそばには数本の線が等間隔で刻まれていますが、これは穴を開ける位置を正確に決めるための印だったのでしょう。この精巧さだけで十分に感動させられるのですが、もう1種の素材が象牙（マンモス牙）である事実には、もう驚きを超えて呆れさせられます（図8－1）。象牙からたて笛をどう作ったかというと、まずこの緻密で硬い素材をうまく縦割りにします。それから石器で2つの半円状のチューブをくり抜き、一方の側面に穴を開け、最後に両者を空気が漏れないようにしっかり接着して仕上げたのです。「何でそこまでするの？」と、クロマニョン人たちに聞いてみたくなりませんか？　このようなたて笛は、他にもドイツやフランスで発掘されていますし、フランスからは1万8000年前の彩色されたホラ貝製ラッパも見つかっています。こうした証拠は、ホモ・サピエンスが後期旧石器時代から音楽に対して並々ならぬ情熱と執着心を持っていたことをうかがわせます。

音楽以外の芸術的活動でその起源を遺跡で探れるのは、絵や彫刻などの美術的なものです。これらについても、ヨーロッパのクロマニョン人の遺跡に4万年前にさかのぼる素晴らしい痕跡があって、それは第6章で紹介したとおりです。さらに最近になって、インドネシアのスラウェシ島やボルネオ島の洞窟に描かれた動物や人や手形などの無数の壁画も、4万年以上前の古いものであったことがわかってきました。

チンパンジーに絵を描かせる実験を行った齋藤亜矢によれば、現生の大型類人猿は、筆を渡されて線や点を描くことはあっても、モノのかたち（表象）を描くことはないそうです。なので旧石器時代の絵は、明らかに人間らしさの表れです。さらに現地でこれら太古の壁画を実見すればわかるのですが、これらは決して落書きのようなものではありません。野外で顔料を入手し、運び、調合し、灯りを持って洞内に入って描くわけですが、一定のスタイルやデフォルメのある絵が、岩壁の凹凸などをうまく使って描かれ、逆さにしたり奇想天外な要素も含ませたりしつつ、決して無秩序ではない配置がなされ、そうして洞内空間全体をデザインしていることが感じられます。

衣類やアクセサリーや美容など身体装飾におけるファッションというのも、謎めいた人間特有の現象ですね。クジャクのように、オスが自身の豪華絢爛《けんらん》さでメスを誘う動物がいることは確かですが、衣服やアクセサリーを自ら製作し、それらをとっかえひっかえ身に着け、そうしたスタイルが流行ったり廃れたりする現象は人間にしか見られません。

この不思議な特性の起源も、遺跡の証拠から追えます。現時点で世界最古のアクセサリーは海産貝類の殻などを加工してつくったビーズで、10万〜7万年前頃の製品がアフリカや西アジアから見つかっています。その後ホモ・サピエンスの世界拡散が起こるとビーズは世界に広まり、その証拠がヨーロッパ、オーストラリア、中国、沖縄などで見つかっています。中でもロシアのスンギール遺跡に埋葬されていた、約3万4000年前の成人男性1人と10代の子供2人が着けていた壮麗な装飾品は有名で、1人あたり数千点におよぶ象牙やキツネの歯製のビーズが、帽子、衣服、ブーツ（これらは朽ちて残っていませんが）に縫い付けられていた様子がわかります（図8－2）。

流行り廃りも古くからあって、例えばクロマニョン人が盛んに人物像（いわゆるヴィーナス像）を製作したのはグラヴェット期という時期（約3万4000〜2万5000年前）でした。時代は下りますが日本の縄文・弥生社会にも、装飾土器や土偶や南海産の貝輪がある地方で流行り廃れた現象が知られています。

「今まで何となく、芸術はヨーロッパで生まれたものだと思い込んでたので、起源はアフリカと聞いて新鮮な気持ちです。」

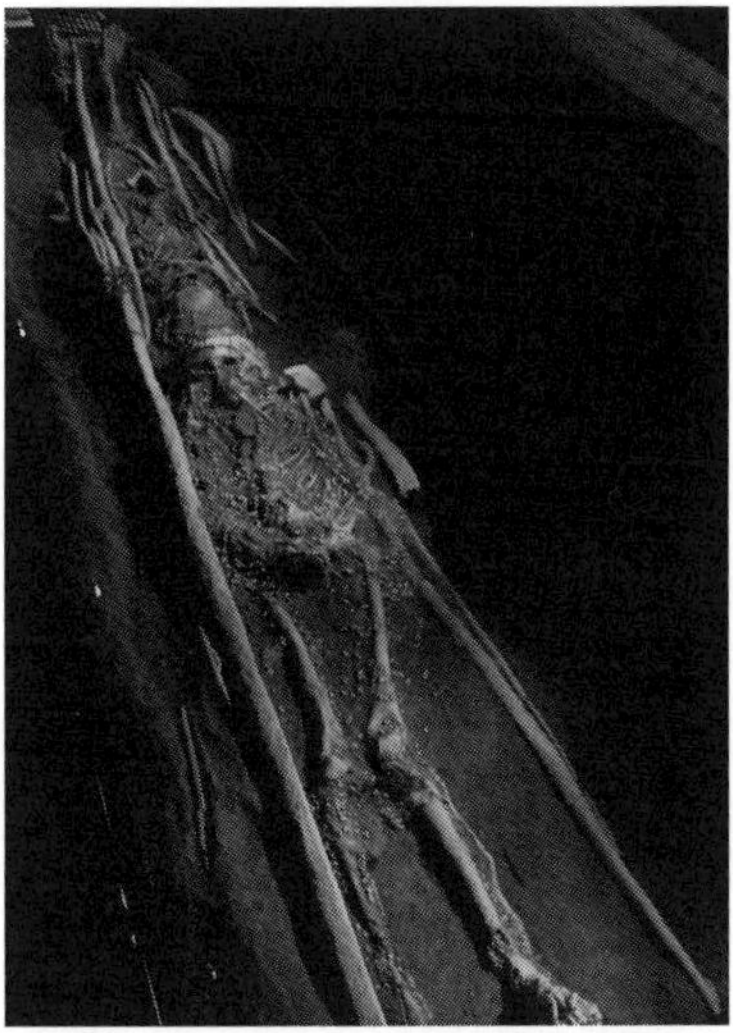

図8-2　ロシアのスンギール遺跡で見つかった3万4000年前頃の子供の合葬墓（国立科学博物館常設展示の模型）。10歳頃および12歳頃の2人が頭合わせで埋葬されていた。粒状のものはマンモス牙製のビーズで、それぞれの子に与えられた数は5000〜5400点ほど。長い棒状のものはマンモス牙製の槍など。
装身具や副葬品があまりに豪華なため、当時の社会に身分差が存在したのではないかと疑う研究者もいる。

そうでしたか。私も教育者として、そういう誤ったイメージの防止対策を考えなくてはいけないですね。中学や高校の授業が、ちょっと西欧の話ばかりに偏りすぎな気がするのですが……。

では話を戻して、ホモ・サピエンスはなぜ、旧石器時代からこうした行為にのめり込んでいたかを考えましょう。フランスやスペインでの研究経験がある五十嵐ジャンヌの解説によれば、19世紀以来、壁画が描かれた理由について、暇つぶし説、狩猟の成功・危険動物の駆除・動物の繁殖を願う呪術説、トーテミズムやシャーマニズムと関連するという説、男か女かどちらかを象徴する絵が洞内に規則的に配置されたとする男女両性神話など、様々な説が飛び交ってきました。この論争は決着がついておらず、残念ながら旧石器人の音楽や絵の真の目的は不明のままなのですが、それでも1つはっきりしていることがあります。それは、これらには私たちの感情を煽り、集団の結束や秩序を高める効果があることです。

例えば現代の国歌や国旗、軍楽や軍旗、校歌や校章などには、対外的な象徴だけでなく、構成員の心をまとめる目的がありますよね。旧石器時代の音楽や美術も、大勢の気持ちを瞬間的に鼓舞する仕掛けとして使われた可能性があります。証拠が残りにくいためにここでは論じませんでしたが、《踊る》という行為も同様でしょう。音楽とダンスには一体性がありますが、リズムに乗って仲間と動きを揃えることに、私たちは大きな高揚感を感じます。アクセサリーなどの身体装飾は、異性へのアピールだけでなく、権威や地位の象徴になりますので、やはりそうした発信力を持っています。

こうした視覚や聴覚に訴える刺激は、うまく使えばことばよりも効果的に集団の秩序と団結をもたらすことができるでしょう。それが、ホモ・サピエンスが躍進していく1つの原動力になった可能性があります。

冒険とそれを可能にした創造力

自然界では、あらゆる野生動物が分布域を広げたり減らしたりしています。しかしホモ・サピエンスの世界拡散には、それらと同一に語れない特異な面がありました。それは発明と創造性に支えられた冒険心です。

どういうことかと言いますと、例えばゾウの仲間のケナガマンモスは、分厚い皮下脂肪や体毛を進化させてシベリアの寒冷な草原に進出しました。動物たちは、このように身体を進化させて新しい環境に適応していきます。ところが同じシベリアで生きるため、人間は衣服、住居、炉を使い、裁縫や食料貯蔵の技術を開発して問題を解決しました。

同じことは海洋進出においても言えます。日本列島周辺でもイノシシが泳いで近い島に渡るところが、しばしば目撃されています。ゾウはもっと泳げる動物で、過去に東インドネシアの海を泳いで、オーストラリア大陸から数百km手前のティモール島にまで到達していました。しかしホモ・サピエンスは、5万年前頃にそのラインを越えてオーストラリア大陸へ進出しています。その途中にあるティモール島の遺跡では、小型とはいえ高速で泳ぐマグロを大量に捕らえていた証拠があり、何らかの舟があったことが明らかです。**ホモ・サピエンスはそのように技術で課題解決するので、後期旧石器時代に地球全体へ爆発的に広がることができました**。

もう1つの冒険心については、説明が少し長くなります。旧石器人に技術があったといっても、金属器が発明される前の時期の話ですので、やれることには限界があったはずです。ところが祖先たちは、信じられないほど遠い島へ渡っていました。琉球列島はその代表例で、そこでは世界最大の海流の1つである黒潮が行く手を阻んでいましたし、となりの島が見えないほど広い海峡もありました。そんな島々に、3万5000～3万年前頃、旧石器人が現れました。それがいかなる挑戦だったのかをどうしても知りたくて、私は当時の航海を科学的に再現しようとする大規模な実験を行ったことがあります。

図8-3　《3万年前の航海 徹底再現プロジェクト》のタイトル。数々の失敗を経験しながら、2019年に丸木舟で台湾から与那国島へ渡る実験航海に成功した。

「聞いたことがあります！《3万年前の航海 徹底再現プロジェクト》ですよね。」

知っていてくれて嬉しいです。これは私が国立科学博物館に在籍していたとき、国立科学博物館と国立台湾史前文化博物館の協力事業として行った6年がかりのプロジェクトでした。黒潮って秒速1～2mにも達する速さで、それが幅100kmに及ぶほど巨大なんですね。そんな海流が3万年前の当時も琉球の海を流れていたことが様々な証拠からわかっているのですが、自分たちで舟を漕いでみて、黒潮を越えるのがいかに難しいかを痛感しました。

成功するにはかなりの航海能力がある舟が必要で、それはおそらく筏《いかだ》ではなく、丸木舟のようなしっかりした舟であったと思われます。その丸木舟というのはとても転覆しやすい不安定な舟で、乗りこなすには漕ぎ手の技量が必要です。それから海の危険性を熟知していなければ安全な航海はできませんし、太陽や星や風や波から方角を読み取る技能が必要であるほか、舟の上の男女は互いを信頼し、強い意志を持っていないと、水平線の向こうの島にはたどり着けません。私たちは２０１９年夏に行った台湾から与那国島への２０６km、45時間10分の航海で、そんなことを一通り体験しました。

実験の模様は書籍『サピエンス日本上陸』や、ネット配信されている記録映画『スギメ』で知ることができるので、興味があったらぜひチェックしてみてください。ここで話しておきたいのは、祖先たちが、なぜそんな島を目指したかです。何かから逃げ出すのであれば、当時はアジア大陸と接続していた台湾にいくらでも逃げ場はあるので、水平線の彼方の見えないほど遠い島へ漕ぎ出す必要はありません。また、これは「男の冒険」ではなく移住ですので、複数の男女が共に舟に乗ることが前提です。私自身は、実験で黒潮に流される無念を何度も味わいながら、この航海は挑戦する心がなければ成せなかったと強く思うようになりました。

サルやネコを観察すればわかるように、好奇心やある種の冒険心は他の動物たちにもありますが、そこに問題解決する創造力が加わることにより、人間の挑戦心は比類ないものとなりました。私たちは、**できないときあきらめるのでなく、「どうしたらできるの**

か？」と考える動物に進化したわけです。

ただし後期旧石器時代の世界拡散を成し遂げるには、他の要素も必要です。どんな社会に暮らす人々も、無駄に命を投げ出したりはしません。伝統社会に生きた人々は、自分たちの舟の限界を知っていて、それを超える無謀な挑戦はしないものです。挑戦を決意するのは、「この舟とこの仲間なら行ける」という信頼、そして「危険なときはいつでも引き返せる」という自信があるときでしょう。そうした判断を的確に下すには、危険を察知して防ぐ予見能力や計画力も必要です。拡散からはもう何万年もたっており、当の本人たちに海に出た理由を聞いて確かめることはできませんが、これらが実験プロジェクトを通じて得られた私の実感です。

旧石器人たちが世界拡散したときには、海だけでなく、熱帯雨林、砂漠、高山、極域など新たな環境に遭遇するたびに、同様の創造と冒険が繰り広げられたに違いありません。その1つ1つの移動には異なる事情や理由があったと思われますが、ホモ・サピエンスを「グローバルな霊長類」に押し上げたのは、総じて新たな可能性を生み出す創造力と、そこから膨らんだ冒険心だったと思われます。

死後の仮想世界を創る想像力

チンパンジーは、子を失った際に見られる母親の対応の変化などから、死を認識しているだろうと推察されています。チンパンジーやニホンザルの母親は、亡くなった子の遺骸を何日も運び続けたりする不思議な行為を見せることがありますが、それでも遺体を安置して祈ったりすることはありません。

人間は死に対して、全く異なる反応を見せます。私たちは近しい者の死に際して、嘆き悲しみ、大小の儀式を行って死者と遺族を弔い、遺体に何らかの処置を加えて移送し、様々なかたちで埋葬したり安置したりし、さらに遺族は一定期間社会と距離を置いて喪に服したりします。死に対する考え方は社会と時代によって大きく変異していて、例えば遺体処置には放置、土葬、火葬、一定期間放置して骨にしてから壺に移し替える、骨を幾何学的に並べる、ミイラにする、あるいは歯や骨の一部を遺族が追悼のため保持するなどが知られていますし、安置する場所は、居住エリア外に区画した集団墓地から、山の上、洞窟の中、崖、樹上、集落の中央、家屋の床下など様々です。

その背景には、遺体を大事と思う、遺骨を大事と思う、遺体から離れた霊魂を大事と思う、亡き祖先が残された自分たちを守護することを願う、あるいは死者への畏れなど、異なる動機が働いているようですが、いずれにしても人間は、「死後の世界」という仮想世界や、「死者が自分たちに何かを及ぼす力を持つ」といった概念を創り信じるところが、他の動物たちと大きく異なります。

このような精神世界と結びついた人間独特の死との向き合い方は、墓として遺跡に残されますので、その記録をたどってみましょう。10万年以上前の人類は、基本的に仲間の遺骸を洞窟内に放置していたようで、地層からは石器や動物の骨のかけらに交じって断片化した人骨化石が見つかります。例外はスペインと南アフリカにある約40万〜30万年前の洞窟で、その奥で旧人あるいは原人の死体が多数投げ込まれた痕跡が見つかりましたが、この行為の意味はよくわかっていません。

人類が埋葬をはじめたのは10万年前頃で、イスラエルにあるホモ・サピエンスとネアンデルタール人の洞窟遺跡から、その証拠が見つかっています。浅い穴を掘って遺体を安置し土を被せる行為には、何かの特別な意味がありそうですが、腐敗する死体を遠ざけたかったか、ハイエナの関心を引かないための処置という解釈も成り立つため、その意義はややあいまいです。

そこから明確な変化が見えはじめるのは４万年前以降のホモ・サピエンスの墓で、この時期から埋葬事例が増え、その多くが赤色顔料、副葬品としての石器や骨角製品やビーズなどを伴い、2〜3体が合葬されたり、火を使った儀礼行為らしき痕跡が残されたりするようになります（図8－2）。これらの墓が旧石器人のどのような世界観を反映しているのかは謎ですが、少なくとも副葬品や墓の装飾という行為には、私たち現代人と同様の、死後の仮想世界を生み出す想像性を読み取ることができます。

第2章では、歴史学者のハラリが、このような人間の創造性を「虚構を創る力」と呼んだことを話しましたね。彼によれば、人間はそのような仮想世界を創り出し、それをメンバーが共有することによって、連帯感や団結心で結ばれた巨大な組織や社会が生まれます。このように目的や意志を共有する巨大連合を形成することは、特筆すべき人間の特性の1つと言えるでしょう。

人間はなぜ〝いらぬこと〟をするのか

芸術、挑戦的な冒険、仮想世界に関する《人間らしさ》について、改めて整理してみましょう。これらは他の生物からすれば生存にも繁殖にも役立たず、むしろマイナスの〝いらぬこと〟です。そのいらぬことを懸命にやるのが人間なのだから、それが人間らしさの一面であるとも言えます。

一方で人類史におけるルーツを探っていくと、これらの行為が、旧石器時代のホモ・サピエンスが団結力を高め、新たな生息地を開拓し、結果として地球上で繁栄していく効果をもたらしたことが見えてきます。この観点に立てば、芸術や冒険心や想像力は、それそのものが必要だから進化したのではなく、そうした行為が分布域拡大や人口増という結果を生むために強化されたという仮説が導かれます。

暗闇の地下空間に配置された洞窟壁画がどのように団結力を生むのか、例えば私はこんな場面をイメージしています——大人たちが年頃になった少年たちを秘密の洞窟に連れていきます。暗くひんやりとして静寂漂う洞内に入り、合図とともに灯りが掲げられると、ゆらめく炎に照らされた、見たこともない無数の動物たちの絵が目に飛び込んできます。それと同時に大人たちの雄たけびと、足踏みと、槍を地面に叩く音が鳴り響きます。この異次元の世界をはじめて体験した少年たちは、刺激、畏れ、そして秘密を共有した特別感などの感覚がごた混ぜになりながら、狩人としての大人の世界に入っていく自分を意識するようになります——。

あくまでも想像ですが、私は現地を訪れて、当時の〝芸術〟はこのように用いられるのではないかと、夢想してしまいました。それは現代情報社会における、「不特定多数の人に向けられる個人的鑑賞のための芸術」とは、かなり異質なものです。

このように芸術も冒険も仮想世界も、その能力が進化した旧石器時代における意味と、現代における意味が変化している可能性はおおいにあります。もしかすると、変質したことがこれらの進化学的意義を見えにくくしていて、だから現代の私たちがその存在を謎めいたものと感じてしまうのかもしれません。

いずれにしても、遺跡や実証実験からの情報を読み取っていくと、音楽もその他の芸術も、ファッションも、冒険も、妄想癖も、ホモ・サピエンスにとっては進化すべくして進化したものだったと言えそうです。そんなわけで、これらが育まれた人類史について知らずに、現代的価値観だけから「意味がない」と思いこむべきではありません。芸術などが今の私たちの心を癒し、勇気づけ、日常生活の一部となっている事実を素直に受け入れ、そうであることには人類史上の理由があるのだと理解して、素直に楽しめばよいのだと、私は思います。

そんなわけで、**他の生物からみれば「やらなくてよい」いくつかのことを懸命にやるのが人間**、という側面が浮かび上がってきます。私は、これはとても重要で興味深い人間らしさの一側面だと考えています。

旧石器人から変わったことと、変わらぬこと

私が大切と考える人間観のもう1つの点を説明するために、ここで世界拡散した旧石器時代のホモ・サピエンス（以下「旧石器人」と呼びます）と私たちとの連続性について、再確認しておきたいと思います。10万〜5万年前以降の世界拡散を契機に、ホモ・サピエンスの外見と文化には著しい地域的多様化が起こりました。そしておよそ1万年前に旧石器時代が終わり、５０００年前に古代文明が誕生し、２５０年ほど前に産業革命が起きます。その過程で、地域によって様相は異なりますが、私たちの生活環境は、大自然の中での狩猟採集生活からコンクリートに囲まれた高度産業社会へと、激変しました。そうした多様化と激動があったことを認識しつつ、これまで**旧石器人と現代人の本性はさして違わない、つまり過去数万年間に人間らしさは事実上変化していない**という説明をしてきました。

そう考える根拠は、「現代人に共有されている性質は旧石器時代のアフリカにいた共通

祖先に由来する」とのダーウィンも述べていた原則、および「現代人の遺伝的多様性が乏しい」ことにあります。一方そうであるなら、「私たちの身体と心は、基本的に旧石器時代における アフリカでの狩猟採集生活に適応するようデザインされてきた」ということにもなります。急にそう言われても呑み込めないかもしれませんが、旧石器時代の終わりからまだ1万年しかたっていないことを考えれば十分あり得ることだし、実際にそう仮定しないと説明が難しい現象も知られているので、それを紹介しましょう。

ライオンは肉食専門ですし、野生パンダの食物は99％タケだそうですが、私たちの場合は、栄養学の専門家から「多彩な食物をバランスよく摂取する」よう指導を受けますよね。それはどうしてなのでしょう？ ライオンもパンダも好きなものだけ食べているのに、私たちが甘いものや、脂質や塩分たっぷりの美味しいものを食べ続けると、肥満を招き、文明病とも言われる糖尿病や高血圧などを患って身体に不調をきたしてしまうのは、なぜなのでしょう？

動物は種ごとに異なる代謝様式を進化させていて、それぞれに体内で合成できる栄養素と、できないために外界から摂取しなければならない栄養素があります。例えば霊長類は昆虫食から果実食へ移行したとき、果実に含まれるビタミンCが安定共有されるようになったため、ビタミンCの体内合成をやめてしまいました。同じ原理が人類にも働いているはずですが、私たちの祖先は、ホモ属として雑食性を強めた旧石器時代の狩猟採集民です。そうすると、どういうことになりそうですか？

「祖先たちは天然の動植物をいろいろ集めて食べていて、その体質を私たちが受け継いでいるんだと思います。」

ですよね。ここで旧石器人からの連続性を仮定すれば、私たちの食の謎も解けます。祖先たちが生きていた環境下では、脂質や塩分は摂取すべきだけどふんだんに手に入るものではありませんでした。そこでそうした食物は特に「美味しい」と感じるよう味覚が進化し、食べる機会を逃さないようにしていたはずです。ところが最近の食料生産技術の向上のおかげで、私たちはその美味しいものをいくらでも食べられるようになりました。しかし私たちの食欲は旧石器人のままであるため、人類がこれまで経験したことのない飽食状態が生まれてしまい、それが文明病と呼ばれる一連の疾患を引き起こしていると理解できます。

ではまた少し違う角度から、連続性について検討しましょう。旧石器人（再確認ですが、ここでは「世界拡散した旧石器時代のホモ・サピエンス」の意味）に対して、世間には次の相反するイメージがあると思います――①旧石器人は自然を大切にする心を持っていたが、文明に毒された現代人はその純真さを失った。②旧石器人は原始人で、現代人より知性が低い。――どちらも旧石器人と現代人は異なるというものですが、果たして妥当でしょうか？　私なら両者に対し、次のように批判します。

①に対して：人間による環境破壊が、過去より現在において問題化しているのは疑いようがありません。しかし振り返ってみれば、後期旧石器時代の世界拡散に際して、ホモ・サピエンスが現れた先々でマンモスやオオナマケモノといった大型哺乳動物の大量絶滅が起こっていました。〝純真な旧石器人〟が本当なら、なぜそんなことが起こるのでしょう？　近現代の多くの伝統社会で、狩猟や植物伐採に際して、慎ましい感謝の祈りが捧げられています。しかしそれは、追っていた動物や有用な植物の激減や絶滅を体験しながら、祖先たちが学び工夫した自然への接し方であるのかもしれません。

②に対して：私が《3万年前の航海 徹底再現プロジェクト》で得た感想は、全く異なります。タフな航海を終えてこみ上げてきたのは、「原始的な技術しかないのに、なぜ祖先たちは遠い島を目指し、どうやって挑戦に成功したのだろう」という尊敬の念でした。私たち現代人は技術があるのでそれに頼りますが、実験航海を通じて、道具なしに天体や波から方角を読むなど、人間が本来持っている生きる力に気づかされたように思えたので

す。

こうしてじっくり考えていくと、後期旧石器時代の祖先たちと私たちの間には、基本的な連続性があることが見えてくると思います。**人は「先進技術を持っている方が優れている」と思いがちですが、その技術がどう築かれてきたかを知れば、考え方が変わるでしょう。**そもそもその技術や文化を蓄積して今の時代を豊かにしてくれたのは祖先たちで、そうした人類の挑戦の歴史は旧石器時代からはじまっていました。その歴史の恩恵にあずかっている私たち現代人が、遠い祖先たちを蔑むのはおかしいし、逆に崇《あが》めすぎるのも変だと思います。

さらに視点を変えて今の世界を見渡せば、いわゆる技術先進国から発展途上国までのスペクトラムが、目に飛び込んできます。しかしここで記したように、技術格差は人間性の違いを示すものではありません。それはホモ・サピエンスが世界に拡散して、各地の集団がそれぞれ異なる経験をしてきたために生じたものです。このように人類史を理解して、技術よりも人に対する敬意を持てるようになれば、私たちは技術格差を超えて、精神的に対等な人間関係を築けるようになるかもしれません。

多様性の捉え方——私たちはなぜわかり合えるのか

このように私たちに宿る数々の《人間らしさ》は、700万年におよぶ人類史の中で1つ1つ獲得されてきたものです。その中で、ホモ・サピエンスが出現し世界拡散がはじまろうとした頃の旧石器時代の環境下は、ある意味クライマックスで、そこで芸術や冒険や仮想世界の創出などがはじまったと考えられます。そうやって生まれてきたものを、世界中の現代人が共有しているというのは、なかなか壮大な話だと思いませんか？

「世界中の人類が同じ歴史を背負っているというのは、あまり考えたことがなくてとても新鮮でした。講義を聞く前は、世界の人々はそれぞれみな違うというイメージが強かったんですが、人類史を学んで、ホモ・サピエンスは一体なんだと思うようになりました。」

多様な人々がうまく共存できる社会を目指そうと、今、ダイバーシティが重要なキーワードとなっていますね。東京2020オリンピック・パラリンピックはその象徴的舞台でしたが、二つの競技会を合同開催するというのは、何とも素晴らしく画期的なアイディアだと思いました。人々がこうして立場の違いを超えて集うと、「多様性の手前にある、人間としての共通性」に気づきますが、人種や民族の多様性においても、鍵となるのはまさにこの共通性だと思っています。

世界の多様な人々に出会うとき、私たちの視線は往々にして自分たちとの《違い》に向けられます。そこで相手に対する敬意があれば問題ないのですが、違いに優劣をつけて差別する行為が後を絶ちませんよね。違うことは別の軋轢も生みます。私たちは、親族や知人または同国民のような血縁あるいは帰属がより近い相手に対しては、危害を加えない同胞と理解し安心感を覚える傾向があります。一方で、出自の異なるよく知らない相手に対しては不安や恐れを抱き、それがその人への差別や攻撃につながることがあります。

しかし第７章で話した通り、本当はホモ・サピエンスどうしにそれほどの遺伝的差異はないのです。そのわかりやすい傍証として、世界のどこの人たちであれ互いの価値を認め合えるという事実が、グローバル時代の私たちの日常生活の中ではっきり見えますよね。例えば寿司をはじめとする日本料理は、今や世界中の国々で受け入れられています。ＳＮＳは、世界のどの地域の人々も同じ話題で盛り上がれることを示しました。どこの誰の話であろうと素晴らしい演説には世界中が感動し、心ないことばには誰もが同じように傷つきます。

人種を超えてこのような共感が起こるのは、世界中の現代人が、味覚と感性と感情に関する同様の神経基盤を持っているからにほかなりません。「私たちはなぜわかり合えないか」ではなく「私たちはなぜわかり合えるのか」と問うことにより、外見の違いの裏にある共通性が浮かび上がってきます。

共通性に気づくことは、違いを認める心の余裕を生むはずです。世界の人々が「どう違うか」ばかりに目を奪われるのでなく、私たちはみな、かつて同じ長い歴史を共有してきた兄弟姉妹である事実に目を向け、だから「私たちは潜在的にわかり合える」という信念を持つべきでしょう。これが私が大切と思う、もう1つの人間の側面です。現実世界はそれほどたやすいものでないことは、私も重々承知していますが、700万年の人類の物語から読み取れるこの事実には、希望が感じられると思うのです。

私たちの未来

さあ、これでこの講義も終わりですので、最後に質問を受けましょう。これまでの話に関係ないことでも、何でもいいですよ。

「今はAIやメタバースが登場して、人間がこの先どうしていくべきか不安も感じますが、先生はどう考えていますか？」

ＡＩや仮想現実とうまく付き合うには、まずそれらを理解すること、それから私たちが「人間としてどう生きていきたいのか」について明確なビジョンを持つ必要があると思います。そのビジョンに立って「ＡＩや仮想現実にはこうあって欲しい」とプランを示さない限り、振り回されることになるでしょう。そのために、「人間とは何か」を皆さん自身が考えるべきだと思いますが、そこでこの講義で示した人類史の知識が役立つと嬉しいですね。

「人類学の魅力って、何だと思われますか？　講義の中では、人間についての知識を提供するのが人類学の役割だとおっしゃっていましたが、先生にとっての魅力を教えてください。」

それはいろいろあると思いますが、私自身の経験としては、人類学によって自分の人間に対する理解が深まって、結果的に、いい面も悪い面も含めて人間を好きになったというところがあります。ややこしいことがあっても、「それも人間らしいところなんだよね」と思うと、気持ちに余裕が生まれるんですよ。自分は。だからあえて一つ言うなら、人間を好きになれるところでしょうか。

　正直に告白すると、自分も学生の頃は、心の奥で発展途上国の人に対する優越感を感じていました。一方で海外では差別を受けた経験もあります。でも今は基本的にどこであろうと、「そこで生きている人」への敬意を感じるようになりました（相手が傲慢でなければですが）。違う人の生き方を知りたいという興味があるので、それが敬意につながっているのかもしれません。

　それから《人権》や《平等》など、私たちが大切にしている理念のルーツを教えてくれるのも、人類学の大きな魅力ですね。生物人類学や霊長類学からみれば、これらは人間の本性というより、進化の過程で生まれた心の一側面であることがわかります。そう理解すると、なぜこれらが崩れやすい理念であるかもわかるし、だからこそこれらを守り育てる努力が必要なんだということを、自覚させられます。

「先生の夢は何ですか？」

夢ですか……一つあります。人類学は、現実ののっぴきならない政治課題や社会問題の向こう側にある、私たちがめざすべき大きな目標を考えるために存在する学問だと思っているので、その意味での夢です。それは、ここで語ってきた人類の物語を、世界中の人たちに知ってもらうことです。どうしてかというと、こんな期待があるからです。

今の世界ではナショナリズム、民族主義、全体主義、宗教上の争いなどが過熱していて、人々の分断が大きな問題となっていますよね。縁のある人や近い人どうしでまとまろうとするのは人の自然な感情だし、現実社会の安全保障装置としても、一定のナショナリズムは必要だと思います。しかし、各国でそれが政治の道具にされ、無用に軋轢が増し、一部で人権が踏みにじられている現状にはやるせなさを感じます。このように分断が進むとき、その流れを止めるには、壁の両側にいる人々が互いに共有し、共感できるものを見つけることが必要でしょう。ここで話してきた人類史は、世界中の誰にとっても自分ごとであり、かつ誰も傷つけない歴史です。だからその役割を果たせると思うんです。

この人類史という壮大な物語の中で、全ての人は互いにつながっていること、後期旧石器時代に多様化しはじめて以降それぞれ同じ時間を生き抜いてきたことを、現代の多くの人が実感してくれたらいいなと夢想しています。特に各国の政治リーダーと社会基盤の設計者たちに、そういう意識を持って欲しい。この意識が広く共有されれば、実直に努力し生きている個々人を大切にする社会の実現に近づけるかもしれません。私欲が渦巻き、思い込みが支配する人間社会の現実は決して生易しくはないですが、現状の煮詰まっている部分を変えるために、そんな期待をしているところです。

ジョン・レノンは名曲「イマジン」で「平和な世界を想像してごらん」と歌ったけれど、自分は「この壮大な物語を聞いてごらん」と言いたいです。残念ながら、それを歌にする才能はないですが。

謝辞

本書は私が長年にわたって学び、研究してきた人類学の知識と考え方を詰め込んだ一冊です。生物人類学、霊長類学、考古学、文化人類学などの多彩な話題をカバーしましたが、それが多少なりともできたのは、こうした諸分野の大勢の研究者との刺激的な交流があったからにほかなりません。本文ではその一部の方々のお名前しか記すことができませんでしたが、私の人類学を豊かにしてくれた専門家の皆様に、この場を借りて感謝申し上げます。

私の大学講義録ともいえる本書の内容は、冒頭に記したように講義を受講した大学生とのやりとりを通じて磨かれていったものですが、これまで多数行ってきた一般向け講演や対談での経験も、少なからず役立っています。私が人類学者として何を探求し、それをどう社会に伝えていくべきかといった指針は、そうした実社会との接点を着想の糧としています。そのようなヒントを与えてくださった不特定多数の皆様に、感謝致します。

最後に、河出書房新社の朝田明子氏からは、本書の構成面での改善などたくさんの貴重なアドバイスをいただきました。ご尽力に御礼申し上げます。そして私の研究人生を常に応援し、サポートしてくれている妻・春菜、そして両親に感謝します。

参考文献

●はじめに　人間観の歴史

菅野覚明・熊野純彦・山田忠彰（監修）『高等学校　新倫理　新訂版』（清水書院、２０１７年）

出口治明『哲学と宗教全史』（ダイヤモンド社、２０１９年）

ダイアモンド、Ｊ．（倉骨彰訳）『銃・病原菌・鉄　一万三〇〇〇年にわたる人類史の謎』（草思社、２０００年）

ハラリ、Ｙ．Ｎ．（柴田裕之訳）『サピエンス全史　文明の構造と人類の幸福（上・下）』（河出書房新社、２０１６年）

マルフェイト、Ａ．ｄ．Ｗ．（湯本和子訳）『人間観の歴史』（思索社、１９８６年）

●第１章・第２章　ヒトの特徴

井原泰雄・梅﨑昌裕・米田穣（編）『人間の本質にせまる科学　自然人類学の挑戦』（東京大学出版会、２０２１年）

遠藤秀紀『人体　失敗の進化史』（光文社、２００６年）

大塚柳太郎『ヒトはこうして増えてきた　20万年の人口変遷史』（新潮社、２０１５年）

海部陽介『人類がたどってきた道　〝文化の多様化〟の起源を探る』（ＮＨＫ出版、２００５年）

金森朝子『野生のオランウータンを追いかけて　マレーシアに生きる世界最大の樹上生活者』（東海大学出版会、２０１３年）

河合香吏（編）『集団　人類社会の進化』（京都大学学術出版会、２００９年）
黒田末寿『人類進化再考　社会生成の考古学』（以文社、１９９９年）
京都大学霊長類研究所（編）『新しい霊長類学　人を深く知るための１００問１００答』（講談社、２００９年）
京都大学霊長類研究所（編）『新・霊長類学のすすめ』（丸善出版、２０１２年）
久世濃子『オランウータンってどんな「ヒト」？』（朝日学生新聞社、２０１３年）
公益財団法人日本モンキーセンター（編）『霊長類図鑑　サルを知ることはヒトを知ること』（京都通信社、２０１８年）
座馬耕一郎『チンパンジーは365日ベッドを作る　眠りの人類進化論』（ポプラ社、２０１６年）
杉山幸丸『人とサルの違いがわかる本』（オーム社、２０１０年）
スプレイグ、D.『サルの生涯、ヒトの生涯　人生計画の生物学』（京都大学学術出版会、２００４年）
竹下秀子『赤ちゃんの手とまなざし　ことばを生みだす進化の道筋』（岩波書店、２００１年）
ダンバー、R.（鍛原多惠子訳）『人類進化の謎を解き明かす』（インターシフト、２０１６年）
ドゥ・ヴァール、F.（西田利貞訳）『チンパンジーの政治学　猿と権力と性』（産経新聞社、２００６年）
寺嶋秀明『平等論　霊長類と人における社会と平等性の進化』（ナカニシヤ出版、２０１１年）
冨田幸光・伊藤丙雄・岡本泰子『新版 絶滅哺乳類図鑑』（丸善出版、２０１１年）
中村美知夫『「サル学」の系譜　人とチンパンジーの50年』（中央公論新社、２０１５年）
西田利貞『人間性はどこから来たか　サル学からのアプローチ』（京都大学学術出版会、１９９９年）

西田利貞『動物の「食」に学ぶ』(女子栄養大学出版部、2001年)
西田利貞(編)『ホミニゼーション 講座生態人類学8』(京都大学学術出版会、2001年)
西田正規・北村光二・山極寿一『人間性の起源と進化』(昭和堂、2003年)
西村剛「化石から探る話しことばの起源」生物科学65:236-244(2014)
日本人類学会教育普及委員会(監修)、中山一大・市石博(編)『つい誰かに教えたくなる人類学63の大疑問』(講談社、2015年)
ネイピア、J.R./ネイピア、P.H.(伊沢紘生訳)『世界の霊長類』(どうぶつ社、1987年)
長谷川眞理子(編)『ヒト、この不思議な生き物はどこから来たのか』(ウェッジ、2002年)
長谷川眞理子(編)『ヒトの心はどこから生まれるのか 生物学からみる心の進化』(ウェッジ、2008年)
長谷川眞理子(監修)、齋藤慈子・平石界・久世濃子(編著)『正解は一つじゃない 子育てする動物たち』(東京大学出版会、2019年)
馬場悠男『「顔」の進化 あなたの顔はどこからきたのか』(講談社、2021年)
濱田穣『なぜヒトの脳だけが大きくなったのか 人類進化最大の謎に挑む』(講談社、2007年)
古市剛史『あなたはボノボ、それともチンパンジー? 類人猿に学ぶ融和の処方箋』(朝日新聞出版、2013年)
松沢哲郎『想像するちから チンパンジーが教えてくれた人間の心』(岩波書店、2011年)
松沢哲郎・長谷川寿一(編)『心の進化 人間性の起源をもとめて』(岩波書店、2000年)
モリス、D.(日高敏隆訳)『裸のサル 動物学的人間像』(角川文庫、1979年)

山極寿一『家族の起源　父性の登場』（東京大学出版会、１９９４年）

山極寿一『暴力はどこからきたか　人間性の起源を探る』（ＮＨＫ出版、２００７年）

山極寿一『人類進化論　霊長類学からの展開』（裳華房、２００８年）

Best, A., Kamilar, J.M. The evolution of eccrine sweat glands in human and nonhuman primates. *Journal of Human Evolution* 117:33-43 (2018)

Isbell, L. et al. GPS-identified vulnerabilities of savannah-woodland primates to leopard predation and their implications for early hominins. *Journal of Human Evolution* 118:1-13 (2018)

Kivell, T.L. Evidence in hand: recent discoveries and the early evolution of human manual manipulation. *Philosophical Transactions of the Royal Society B* 370:20150105. http://doi.org/10.1098/rstb.2015.0105 (2015)

Langdon, J.H., The Human Strategy: An Evolutionary Perspective on Human Anatomy. Oxford University Press (2005)

Lewin, R. Human Evolution: An Illustrated Introduction. 5th ed. Wiley-Blackwell (2004)

Lombardo, M.P., Deaner, R.O. Born to Throw: The Ecological Causes that Shaped the Evolution of Throwing In Humans. *The Quarterly Review of Biology* 93:1-16 (2018)

Martin, R.D. Primate Origins and Evolution. Princeton University Press (1990)

Pilbeam, D. What makes us human? In: Jones, S., Martin, R., Pilbeam, D.(Eds.), The Cambridge Encyclopedia of Human Evolution. Cambridge University Press, pp.1-5 (1992)

Reed D.L., Light J.E., Allen J.M., Kirchman J.J. Pair of lice lost or parasites regained: The evolutionary

history of anthropoid primate lice. *BMC Biology* 5:7. https://doi.org/10.1186/1741-7007-5-7 (2007).
Schmidt, M. Locomotion and postural behaviour. *Advances in Science and Research* 5: 23–39 (2010)
Schultz, A.H. The Life of Primates. Universe Books (1969)

●第3章　生物の進化

鹿子木康弘「乳幼児期の向社会性」心理学ワールド 91：5－8（2020年）
河田雅圭『はじめての進化論』（講談社、1990年）
クラーク、W．R．／グルンスタイン、M．（鈴木光太郎訳）『遺伝子は私たちをどこまで支配しているか　DNAから心の謎を解く』（新曜社、2003年）
斎藤成也『自然淘汰論から中立進化論へ　進化学のパラダイム転換』（NTT出版、2009年）
ジンマー、K．／エムレン、D．J．（更科功・石川牧子・国友良樹訳）『進化の教科書1～3巻』（講談社、2016－2017年）
寺嶋秀明『平等論　霊長類と人における社会と平等性の進化』（ナカニシヤ出版、2011年）
長谷川寿一・長谷川眞理子『進化と人間行動』（東京大学出版会、2000年）
長谷川眞理子『動物の生存戦略　行動から探る生き物の不思議』（左右社、2009年）
ブレグマン、R．（野中香方子訳）『Humankind 希望の歴史　人類が善き未来をつくるための18章 上・下』（文藝春秋、2021年）※現代的な生物学の考え方を踏まえているとはいえませんが、人間の善の心について興味深い逸話が記されています。
ボイド、R．／シルク、J．B．（松本晶子・小田亮監訳）『ヒトはどのように進化してきたか』（ミネ

ルヴァ書房、2011年）
ミラー、A．S．／カナザワ、S．（伊藤和子訳）『進化心理学から考えるホモサピエンス』（パンローリング、2019年）

●第4章・第5章・第6章　人類の進化

赤澤威『ネアンデルタール・ミッション　発掘から復活へ　フィールドからの挑戦』（岩波書店、2000年）
アルスアガ、J．L．（藤野邦夫訳・岩城正夫監修）『ネアンデルタール人の首飾り』（新評論、2008年）
アンガー、P．（河合信和訳）『人類は噛んで進化した　歯と食性の謎を巡る古人類学の発見』（原書房、2019年）
イ、S．／ユン、S．（松井信彦訳）『人類との遭遇　はじめて知るヒト誕生のドラマ』（早川書房、2018年）
印東道子（編）『人類大移動　アフリカからイースター島へ』（朝日新聞出版、2012年）
内田亮子『人類はどのように進化したか　生物人類学の現在』（勁草書房、2007年）
ウッド、B．（馬場悠男訳）『人類の進化　拡散と絶滅の歴史を探る』（丸善出版、2014年）
太田博樹『遺伝人類学入門　チンギス・ハンのDNAは何を語るか』（筑摩書房、2018年）
大塚柳太郎『ヒトはこうして増えてきた　20万年の人口変遷史』（新潮社、2015年）
海部陽介『人類がたどってきた道　〝文化の多様化〟の起源を探る』（NHK出版、2005年）

海部陽介『日本人はどこから来たのか？』（文藝春秋、2019年）
海部陽介『サピエンス日本上陸　3万年前の大航海』（講談社、2020年）
カートミル、M.（内田亮子訳）『人はなぜ殺すか　狩猟仮説と動物観の文明史』（新曜社、1995年）
川端裕人『我々はなぜ我々だけなのか　アジアから消えた多様な「人類」たち』（講談社、2017年）
河合信和『ヒトの進化700万年史』（筑摩書房、2010年）
ギボンズ、A.（河合信和訳）『最初のヒト』（新書館、2007年）
コパン、I.（馬場悠男・奈良貴史訳）『ルーシーの膝　人類進化のシナリオ』（紀伊國屋書店、2002年）
斎藤成也（編著）海部陽介・米田穣・隅山健太（著）『図解・人類の進化　猿人から原人、旧人、現生人類へ』（講談社、2021年）
斎藤成也・諏訪元・颯田葉子・山森哲雄・長谷川眞理子・岡ノ谷一夫『ヒトの進化　シリーズ進化学5』（岩波書店、2006年）
更科功『絶滅の人類史　なぜ「私たち」が生き延びたのか』（NHK出版、2018年）
シップマン、P.（河合信和訳）『アニマル・コネクション　人間を進化させたもの』（同成社、2013年）
シップマン、P.（河合信和監訳・柴田譲治訳）『ヒトとイヌがネアンデルタール人を絶滅させた』（原書房、2015年）
ジョハンソン、D.／エディ、M.A.（渡辺毅訳）『ルーシー　謎の女性と人類の進化』（どうぶつ社、1986年）

ジョハンソン、D．／シュリーヴ、J．（馬場悠男監修・堀内静子訳）『ルーシーの子供たち　謎の初期人類、ホモ・ハビリスの発見』（早川書房、1993年）
鈴木光太郎『ヒトの心はどう進化したのか　狩猟採集生活が生んだもの』（筑摩書房、2013年）
タッターソル、I．（河合信和監訳・大槻敦子訳）『ヒトの起源を探して　言語能力と認知能力が現生人類を誕生させた』（原書房、2016年）
トリンカウス、E．／シップマン、P．（中島健訳）『ネアンデルタール人』（青土社、1998年）
奈良貴史『ネアンデルタール人類のなぞ』（岩波書店、2003年）
奈良貴史『ヒトはなぜ難産なのか　お産からみる人類進化』（岩波書店、2012年）
西秋良宏（編）『ホモ・サピエンスと旧人（1・2・3巻）』（六一書房、2013・2014・2015年）
西秋良宏（編）『アフリカからアジアへ　現生人類はどう拡散したか』（朝日新聞出版、2020年）
西秋良宏（編）『中央アジアのネアンデルタール人　テシク・タシュ洞窟発掘をめぐって』（同成社、2021年）
ハート、D．／サスマン、R．W．（伊藤伸子訳）『ヒトは食べられて進化した』（化学同人、2007年）
ブリュネ、M．（諏訪元監修・山田美明訳）『人類の原点を求めて　アベルからトゥーマイへ』（原書房、2012年）
ペーボ、S．（野中香方子訳）『ネアンデルタール人は私たちと交配した』（文藝春秋　2015年）
ポルトマン、A．（高木正孝訳）『人間はどこまで動物か　新しい人間像のために』（岩波書店、196

1年）
三井誠『人類進化の７００万年　書き換えられる「ヒトの起源」』（講談社　２００５年）
ライク、D.（日向やよい訳）『交雑する人類　古代ＤＮＡが解き明かす新サピエンス史』（ＮＨＫ出版、２０１８年）
リーバーマン、D. E.（塩原通緒訳）『人体６００万年史　科学が解き明かす進化・健康・疾病　上・下』（早川書房、２０１５年）
ロバーツ、A.（野中香方子訳）『人類20万年　遙かなる旅路』（文藝春秋、２０１３年）
De la Torre, I. Searching for the emergence of stone tool making in eastern Africa. *Proceedings of National Academy of Sciences U.S.A.* 116:11567-11569 (2019)
Klein, R. G. The Human Career: Human Biological and Cultural Origins. 3rd Ed. The University of Chicago Pres (2009)
Suwa, G. et al. Canine sexual dimorphism in Ardipithecus ramidus was nearly human-like. *Proceedings of the National Academy of Sciences U.S.A.* 118: e2116630118

●第７章　ホモ・サピエンスの多様性（人種）

秋道智彌・市川光雄・大塚柳太郎（編）『生態人類学を学ぶ人のために』（世界思想社、１９９５年）
井原泰雄・梅﨑昌裕・米田穣（編）『人間の本質にせまる科学　自然人類学の挑戦』（東京大学出版会、２０２１年）
ウェイド、N.（山形浩生・守岡桜訳）『人類のやっかいな遺産　遺伝子、人種、進化の歴史』（晶文社、

2016年）※必ず「訳者解説」も読んでください。
内田亮子『進化と暴走　いま読む！名著　ダーウィン『種の起源』を読み直す』（現代書館、2020年）
小熊英二『単一民族神話の起源〈日本人〉の自画像の系譜』（新曜社、1995年）
グールド、S．J．（鈴木善次・森脇靖子訳）『人間の測りまちがい　差別の科学史（増補改訂版）』（河出書房新社、1998年）※Lewis論文も参照してください。
斎藤成也（編）『最新DNA研究が解き明かす。日本人の誕生』（秀和システム、2020年）
財団法人アイヌ民族博物館（監修）『アイヌ文化の基礎知識　増補・改訂』（草風館、2018年）
坂野徹・竹沢泰子（編）『人種神話を解体する　2科学と社会の知』（東京大学出版会、2016年）
人類学講座編纂委員会（編）『人類学講座7　人種』（雄山閣、1977年）※古典的人種概念に基づく解説書ですが人種観の歴史などが記されています。
竹沢泰子（編）『人種概念の普遍性を問う　西洋的パラダイムを超えて』（人文書院、2005年）
ダーウィン、C．（長谷川眞理子訳、内田亮子・矢原徹一・巌佐庸・長谷川眞理子解説）『人間の進化と性淘汰I・II』（文一総合出版、1999年、2002年）
田原郁美・海部陽介「四肢と胴体のプロポーションからみた縄文時代人の体形」人類学雑誌123：111－124（2015）
寺田和夫『人種とは何か』（岩波書店、1967年）※古典的人種概念に基づく解説書ですが人種観の歴史などが記されています。
日本健康学会理事会「理事会報告：『日本民族衛生学会』と国民優生法」日本健康学会誌85：i－vi

（２０１９）
マルフェイト、A. d. W.（湯本和子訳）『人間観の歴史』（思索社、１９８６年）
Cox, S.L., Ruff, C.B., Maier, R.M., Mathieson,I. Genetic contributions to variation in human stature in prehistoric Europe. *Proceedings of National Academy of Sciences U.S.A.* 116:21484-21492（2019）
Jablonski, N.G., Chaplin, G. Skin deep. *Scientific American* 287: 74-81 (2002)
Lewis, J. E., et al. The Mismeasure of science: Stephen Jay Gould versus Samuel George Morton on skulls and bias. *PLoS Biology* 9(6):e1001071. doi:10.1371/journal.pbio.1001071 (2011)
N.C.D. Risk Factor Collaboration, A century of trends in adult human height. *eLife* 5:e13410. DOI: 10.7554/eLife.13410 (2016)
Foley, R.A., Lewin, R. Principles of Human Evolution 2nd ed. Wiley-Blackwell (2003)
Foster, F., Collard, M. A Reassessment of Bergmann's Rule in Modern Humans. *PLoS ONE* 8(8): e72269. doi:10.1371/journal.pone.0072269 (2013)
Pilbeam, D. What makes us human? In: Jones, S., Martin, R., Pilbeam, D.(Eds.), The Cambridge Encyclopedia of Human Evolution. Cambridge University Press, pp.1-5 (1992)
〈ウェブサイト〉
国際連合広報センター（人権）
https://www.unic.or.jp/activities/humanrights/
ＵＮＥＳＣＯの活動（人種主義に反対するユネスコ）
https://www.hurights.or.jp/archives/durban2001/pdf/against-racism-unesco.pdf

外務省（世界人権宣言）
https://www.mofa.go.jp/mofaj/gaiko/udhr/index.html
外務省（人種差別撤廃条約）
https://www.mofa.go.jp/mofaj/gaiko/jinshu/index.html
アムネスティ・インターナショナル（世界人権宣言とは）
https://www.amnesty.or.jp/lp/udhr/?gclid=CjwKCAjwhuCKBhADEiwA1HegObKnMGDcMcAWs5m1agHUjfhZXz4Ze8qpWzxtZBjMUfPdOTOJts4lYRoC4-QQAvD_BwE

●第８章　改めて人間らしさを考える

五十嵐ジャンヌ『なんで洞窟に壁画を描いたの？　美術のはじまりを探る旅』（新泉社、２０２１年）
今川恭子（編）『わたしたちに音楽がある理由《わけ》』（音楽之友社、２０２０年）
ウェイド、Ｎ．（依田卓巳訳）『宗教を生み出す本能　進化論からみたヒトと信仰』（ＮＴＴ出版、２０１１年）
ウォーリン、Ｎ．Ｌ．／マーカー、Ｂ．／ブラウン、Ｓ．（編）（山本聡訳）『音楽の起源』（人間と歴史社、２０１３年）
内堀基光・山下晋司『死の人類学』（講談社、２００６年）
海部陽介『サピエンス日本上陸　3万年前の大航海』（講談社、２０２０年）
国立科学博物館・毎日新聞社・ＴＢＳテレビ（編）『世界遺産　ラスコー展』（毎日新聞社・ＴＢＳテレビ、２０１６年）

齋藤亜矢『ヒトはなぜ絵を描くのか』（岩波書店、２０１４年）
ハラリ、Ｙ．Ｎ．（柴田裕之訳）『サピエンス全史　文明の構造と人類の幸福（上・下）』（河出書房新社、２０１６年）
松濤弘道『世界葬祭事典（改訂増補版）』（雄山閣、２０１０年）
ルイス＝ウィリアムズ、Ｄ．（港千尋訳）『洞窟のなかの心』（講談社、２０１２年）
Bahn, P.G., Vertut, J. Journey Trough the Ice Age. University of California Press (1997)
Pettitt, P. The Palaeolithic Origins of Human Burial. Routledge, London (2011)
Watson, C.F.I., Matsuzawa, T. Behaviour of nonhuman primate mothers toward their dead infants: uncovering mechanisms. *Philosophical Transactions of Royal Society B* 373:20170261. 20170261 http://doi.org/10.1098/rstb.2017.0261 (2018)

河出新書 047

人間《にんげん》らしさとは何《なに》か
生《い》きる意味《いみ》をさぐる人類学講義《じんるいがくこうぎ》

二〇二二年二月一八日 初版印刷
二〇二二年二月二八日 初版発行

著者 海部陽介《かいふようすけ》
発行者 小野寺優
発行所 株式会社河出書房新社
〒一五一-〇〇五一 東京都渋谷区千駄ヶ谷二-三二-二
電話 〇三-三四〇四-一二〇一［営業］／〇三-三四〇四-八六一一［編集］
https://www.kawade.co.jp/
マーク tupera tupera
装幀 木庭貴信（オクターヴ）
印刷・製本 中央精版印刷株式会社

Printed in Japan ISBN978-4-309-63148-6